Eurus

Notus

前田哲男
Tetsuo Maeda

自衛隊

変容のゆくえ

Zephyrus

岩波新書
1082

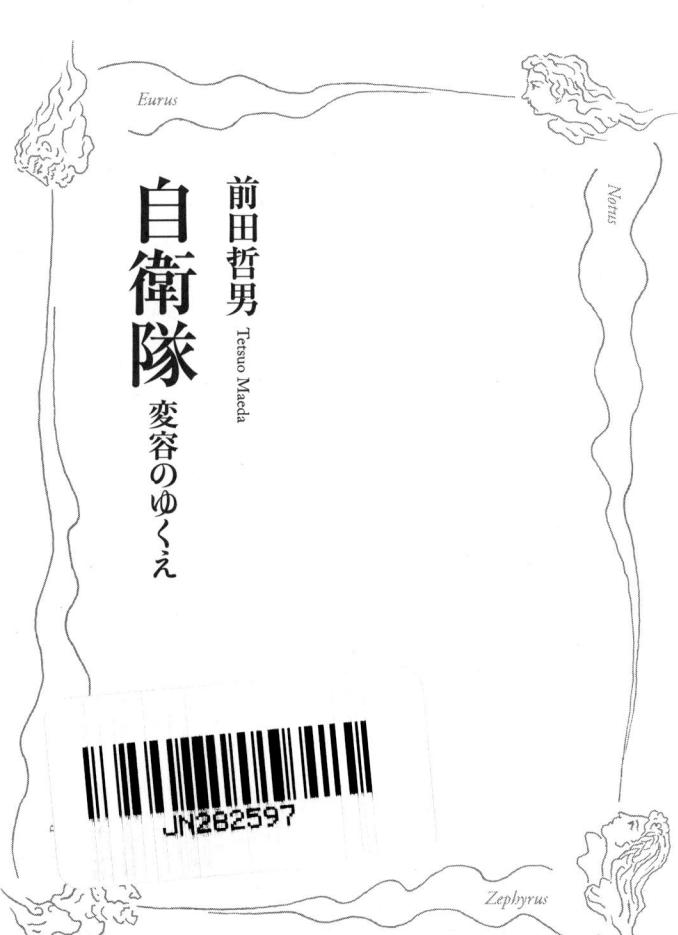

目　次

序　章

「防衛省」発足が意味するもの

防衛省が発足し，儀仗兵を巡閲する安倍晋三首相(2007 年 1 月 9 日，写真提供＝共同通信社)

隠された「大転換」の意味

二〇〇七年一月九日。この日、防衛省・自衛隊が発足した。前年一二月一五日、国会で成立した改正防衛二法、「防衛庁設置法」と「自衛隊法」がこの朝の閣議で承認され、ただちに政令をもって施行されたのである。その日のうちにウェブサイトのホームページに「平成一九年一月九日、防衛庁は防衛省に移行しました」と表示された。また英語表記も〝Ministry of Defense〟(旧名 Defense Agency)に改まった。移行にあたり関連七〇法の部分改正も同時になされ、法律のすみずみまで「防衛省」の名称がきざまれた。初代大臣には、久間章生《きゅうまふみお》防衛庁長官が横すべりで就任した。

「内閣府の外局」だった防衛庁が「独立した政策官庁」に移行したことにより、自衛隊は、諸外国の軍隊と変わりない省名を有するとともに、任務においても、海外活動を「本来任務」と明記することとなった。政府は、法案審議中、省移行はたんに〝看板のかけがえ〟にすぎない、省名の変更にとどまる、自衛隊のあり方に変化はない、と盛んに強調していた。だが、すぐあとにみる発足当日の安倍晋三首相の訓示をきけば、それがいつわりであるとわかる。ほかならぬ防衛省自身も、解説パンフレット「法案のポイント」のなかで、「省移行」の意義を「諸外国の防衛担当組織との対等な位置付け」「責任と権限を持つ組織と能力」にある、と書いているので、ここにも〝頭隠して……〟のホンネはあらわれている。けっして「省庁再編」レベルの問題ではない。自衛隊法第三条「任務」に付加された次の条項をみれば、自衛隊の活動に大きな転換がもたらされたことは明らかだ。

①　我が国周辺の地域における我が国の平和及び安全に重要な影響を与える事態に対応して行う我が国の平和及び安全の確保に資する活動

②　国際連合を中心とした国際平和のための取組への寄与その他の国際協力の推進を通じて我が国を含む国際社会の平和及び安全の確保に資する活動

改正前の第三条は、国土防衛以外に任務を規定していなかった。

「自衛隊は、わが国の平和と独立を守り、国の安全を保つため、直接侵略及び間接侵略に対しわが国を防衛することを主たる任務とし、必要に応じ、公共の秩序の維持に当るものとする。」

ここに加えられた「我が国周辺」と「国際平和」のための活動、すなわち海外活動を公認し「本来任務」としたことこそが「防衛省」発足の実質的意味なのである。したがって、二〇〇七年一月以降、防衛庁・自衛隊は、内閣府の統制から離れ、防衛大臣によって指揮・監督される、それまでとは似て非なる、あらたな軍事組織にうまれかわったと理解すべきだろう。予算編成権、閣議請求権、政令制定権をもち、海外活動を「本来任務」にとりこんだ、隊員二四万八六四七人、事務官等二万二九六八人(二〇〇七年度予算定員)という日本最大の国家組織が誕生したのである。変容のはげしさは「創設以来の大転換」と認定しなければならない。

そのように大きな問題をはらんでいるのに、しかし、「省移行法案」の成立にいたる国会論議はきわめて低調で不活発だった。委員会審議についやされた時間は、衆参あわせて二四時間にすぎない。質疑の中味も、防衛施設庁の「談合疑惑」にかかわる質疑に多くがさかれたので、野党とのあいだで核心をつく論戦は乏しかった。たんなる省名変更にとどまらず、真のねらいは海外に向けた任務拡大にある点、米軍活動と一体化・融合してゆく安保協力の深化の側面、そしてなにより、憲法の外にますます活動領域を拡大しようとする実質的な〝改憲先取り〟の意図といった、法案のもつ本質について、くまなく質疑がかわされるには、あまりにとおりいっぺんの審議に終始した。メディアにしても、見出しに〝省昇格関連法〟とかかげる報道をつづけ、「海外派兵任務の新設」という、根本における重大な意味と論点を国民に知らせる努力を怠った。日本の将来に関して、これほど重大な問題が、これほどおざなりの議論ののち、これほどあっさり成立にいたった例もめずらしい。

両院における票決の結果にも、それは反映された。起立採決で賛否が問われた衆議院本会議では、自民・公明の与党と野党の民主・国民新党が法案賛成にまわった。共産・社民の反対票は全議員の一割に満たなかった(二〇〇六年一一月三〇日)。一方、記名投票が行われた参議院では、投票総数二二五のうち賛成二一〇、反対一五という結果となった(一二月一五日)。民主党からは衆議院で六人、参議院で七人の欠席・退席議員が出た。しかし、賛成指示の党議拘束にさからう投票をした議員は一人もいなかった。党籍離脱中の衆参副議長の横路孝弘《よこみちたかひろ》、角田《つのだ》義一《ぎいち》両議員が反対の意思表示をしたのみであった。ここにみられる防衛政策における政党間の力関係の変化、与野党の路線接近もまた、自衛隊の変容をうながした要因といえよう。

〝裏声で歌った〟憲法改正

「省」発足の日、東京・市ヶ谷にある旧防衛庁では、一片の雲もなく晴れわたった空のもと、午前一〇時、「防衛省」と書かれた青い正門門標の除幕式が行われた。儀仗兵《ぎじょうへい》を巡閲する安倍首相と久間新大臣に対して初の栄誉礼がささげられた。

記念式典に列した安倍首相は幹部職員や自衛官をまえに訓示した。冒頭――、

「サンフランシスコ平和条約が発効し、我が国が主権を回復してから、五五年の歳月が流れようとしています。本日、正にこのとき、国防という国家主権と不可分な任務を担う組織たる防衛省を発足させることができたことを、私は時の総理大臣として、誇りとするものであります。この歴史的な日に際し……」

と、高い調子で切りだし、

「今、我が国は、正に「新時代の黎明期」にあると言って過言ではありません。私は、これまで、「戦後レジームからの脱却」ということを繰り返し述べてきました。「美しい国、日本」を造っていくためには、「戦後体制は普遍不易」とのドグマから決別し、二一世紀に相応しい日本の姿、そして新たに理想を追求し、形にしていくことこそが求められています。(中略)

今回の法改正により、防衛庁を、省に昇格させ、国防と安全保障の企画立案を担う政策官庁として位置付け、さらには、国防と国際社会の平和に取り組む我が国の姿勢を明確にすることができました。これは、とりもなおさず、戦後レジームから脱却し、新たな国造りを行うための基礎、大きな第一歩となるものであります。」

安倍首相にとって防衛省への移行が、省名変更どころでない「戦後レジームからの脱却」の次元で受けとめられていることが、ここに表された言葉からもわかる。

つづいて久間新大臣は、「本日より防衛庁は「防衛省」になります。防衛省・自衛隊は、未来に向けた確かな安全保障のため、新しい歴史を切り拓いていきます」と宣言し、次のように訓示した。

「北朝鮮による弾道ミサイル発射事案や核実験実施の発表など、我が国周辺の安全保障環境は引き続き厳しいものがあります。また、平和と安定のための国際社会の取り組みに、我が国としても、より積極的に対応していく必要があります。米軍再編に関する合意の実現という極めて難しい課題にも取り組んでいかなければなりません。」

新大臣の訓示にも、あらたな使命への意欲がみなぎっている。二人の式辞に共通して用いられた「歴史的な日」「新しい歴史」という表現。それは今回の省移行が、表向きの説明にとどまらない〝ここから始まる〟自衛隊変容の意義を、問わず語りに明らかにしているといえよう。とりわけ首相訓示の一節――、

「集団的自衛権の問題についても、国民の安全を第一義とし、いかなる場合が、憲法で禁止されている集団的自衛権の行使に該当するのか、個別具体的な事例に即して、清々と研究を進めてまいります。」

この言葉は、海外戦争への参加をタブーとしてきた憲法解釈に変更の意欲を表明したものと受けとめられる。自衛隊をはっきりと「アメリカとともに海外で戦う」方向に据えかえる政策転換といえる。とりもなおさず、それは〝裏声で歌った〟憲法改正宣言にほかならない。

戦後日本の再軍備

ここで、朝鮮戦争を契機とし「警察予備隊」創設にはじまる戦後日本の再武装過程を振りかえる。

・第一期――〝警察力の予備〟としての「警察予備隊」(陸上部隊のみ、一九五〇―五二年)
・第二期――第一期につづき〝戦力なき軍隊〟と称された「保安隊・警備隊」(陸上・海上部隊、一九五二―五四年)への改組
・第三期――「必要最小限度の実力保持は憲法の許容するところ」とする統一解釈のもと、総理府外局(二〇〇一年より内閣府外局)に位置づけられた「陸・海・空三自衛隊」体制(一九五四年―)による〝専守防衛に徹する日本列島守備隊〟にいたる転換・脱皮

これらの変身と転換――ホップ・ステップ・ジャンプを経て、二〇〇七年以降、「国土防衛」任務にとどまらず、あらたに〝日米同盟の義務履行〟にともなう「周辺事態」対処、および海外における「国際の平和と安全に資する活動」も基本任務にとりこむ、〝かぎりなくふつうの軍隊にちかい〟武力組織へと到達したのである。

警察予備隊本部→保安庁→防衛庁→防衛省……ここにいたる名称の変遷は、半世紀あまりの歳月をかけながらじりじりと変身をとげてきた「日本再軍備」の、長い、折れ曲がった歴史をあらわしている。それはまた、「戦争を放棄した」日本国憲法第九条と現実政治のあいだに形づくられた〝建前と本音〟の急激な斜面が、〝なし崩しと既成事実化〟のつみかさねにより、法と現実の平衡感覚を完全に失わせるほど増大した事実をも示す。省移行にあらわにされた「下位法による憲法無視」の下剋上ぶりは、〝現実との乖離〟をただすなどという形容でつくろ

えるものでなく、法治主義の原則からしても異様というしかない。たとえ、この間に、日本の経済力と国際的地位が飛躍的に力を増したことや、冷戦後、周辺地域に生じた安全保障環境の移り変りといった事情を考慮に入れたとしてもである。

まして、かたわらに最高法規としての憲法が「陸海空軍その他の戦力は、これを保持しない」「国の交戦権は、これを認めない」と明示して、なお現存していることを思えば、法の威信低下は、社会全体の荒廃につながるものといえる。発足の日の曇りなき空によって、防衛省・自衛隊が、憲法のもと〝青天白日〟の存在として受け入れられたとは、だから、けっしていえない。いぜんとして〝太陽に顔をそむけた〟誕生であったとすべきだろう。

〝美しい属国〟への道

安倍首相が式典で述べた「戦後レジームからの脱却」という時代の区切りは、一九五五年、保守合同(いわゆる五十五年体制)＝自民党結党時になされた「自主憲法・自主防衛」宣言、また八二年、中曽根康弘首相が打ち出した「戦後政治の総決算」宣言とあわせ、自民党防衛政策における三つ目の大きな転換宣言と受けとめられる。首相は宿願達成の満足感に満たされたことだろう。それとともに、新設された「海外任務」公式認知と、それにつづく「集団的自衛権容認」の方向とむすんで、さらなる変身への決意も自覚されていよう。首相が二〇〇七年四月の訪米に先だち発足させた「安全保障の法的基盤の再構築に関する懇談会」(座長の柳井俊二前駐米大使の名をとって「柳井懇談会」とよばれる)は、集団的自衛権解禁への地ならしである。

省移行をバネに、このあと自衛隊の変容は、「戦時と戦地」へ向かってまっすぐ突き進んでいくにちがいない。すなわち、海外派兵の手続きの変更——従来とってきた時限立法制定(テロ特措法やイラク特措法など「特別措置法」の方式)によらず、いつでも発動できる「恒久法」(一般法)の立法へと進むだろう。「柳井懇談会」の答申を受け、それまで自制されてきたアメリカの地域戦争への即時かつ公然たる参加(集団的自衛権の行使)にも道がつく。また「武器輸出禁止原則」を解除(アメリカとの兵器共同生産・輸出)することや「宇宙の軍事利用禁止」の撤廃(軍事衛星の保持)など、九条規範の〝規制緩和〟措置があとにつづくと予想される。状況しだいでは〝核オプションのタブー〟(非核三原則)にも自由化の波が及ぶかもしれない。

安倍首相はじめ「戦後レジームからの脱却」をめざす勢力からすれば、防衛省移行とそれによってもたらされるものは、日本の防衛政策における〝望ましい大団円〟なのだろう。最終目標に「自衛軍保持」を柱とする九条改正がおかれているのも疑いない。外に〝日米同盟〟基軸の外交・安全保障政策をかかげ、内に〝管理と統制〟強化による公益重視社会をめざす自民党政権が、そうした近未来を待望しているのは容易に推測できる。

とはいえ、九条を抹殺しつつ、「国防という国家主権と不可分な任務を担う防衛省を発足させることができた」(首相訓示)ことへの自賛は、にがい現実と裏腹の関係にある。皮肉なことだが、首相がいくら「美しい国・日本」をうたいあげても、その一方に進むアメリカ追随路線へののめり込みにより、結局のところ〝美しい属国〟路線に行きつくよりないからである。戦後レジームから脱却して〝アメリカン・レジーム〟へ。根本的な背理をかかえこんだ軍拡指向、そして語られる言葉(脱却)と行われる事実(従属)との埋めがたい亀裂をもつ路線選択、それが自民党の安全保障政策における、いびつな車の両輪というべきだろう。

冷戦終結後、アメリカの日本に対する安保協力要求が劇的に変化するにともない、「自衛隊の海外指向」と「日米軍事一体化」が同時進行していくにいたった相互作用、それは論理的に奇妙なことだが、「美しい国」と〝美しい属国〟を同居させる、不可思議で性格不明の軍事組織と同盟関係をつくる過程だった。憲法と安保の長年の相剋は、最終的に、創設から五三年経た自衛隊をアメリカ従属の下の存在へとみちびいたのである。この根源的な矛盾をただす論戦は、ほとんどなされなかった。したがって、「防衛省発足」があぶりだしたのは、この時代に生きた政治家たちの法意識と倫理観の欠如だったともいえる。

防衛省誕生と「安全保障のジレンマ」

しかし一方、「平和憲法と戦後民主主義」の見地に立つと、〝戦争できる国家〟へのレジーム転換は〝負の大団円〟にほかならない。歴史の針を逆進させるばかりでなく、アジア諸国に日本の「悪しき過去」の記憶を呼び覚まさせる。その結果、近隣とのあいだに「軍拡と緊張」の応酬をもたらし、〝あらたな戦前〟にたちかえるマイナス面もおそれなければならない。防衛省発足の報に、中国の通信社・新華通訊社《しんかつうしんしゃ》がただちに配信した論評記事の一節――「日本が軍事大国に向かって重要な一歩を踏み出した。(防衛省移行の目的は)侵略戦争の失敗とそれに伴う規制から脱出し、自衛隊の手足を縛る〝呪文〟を振りほどくことだ」(『毎日新聞』二〇〇七年一月一〇日付)とみなす反応。ここからも、東北アジア地域の軍備拡張をいきおいづける〝作用と反作用〟への予兆を読みとれる。防衛省移行と海外任務付与が、近隣諸国に〝脱亜従米〟のメッセージと受けとめられたのはまちがいない。

一般に、軍事力に依存する安全保障は、つねにジレンマと逆説に直面せざるをえない。それは「こちらの安全が近隣国にとっては脅威」のシグナルとなって発信される「安全保障のジレンマ」とよばれる現象である。自国の安全＝隣国の脅威、隣国の安全＝自国の脅威――この相互不信と疑心暗鬼にもとづくゼロサム・ゲーム(勝者か敗者のみ、足してゼロ)は、終わりなき軍備競争のシーソー・ゲームへののめり込みにつながる危険をつねにはらむ。摩擦と対立、軍拡衝動、そして戦争へといたる道は、いつもそのようにして準備されてきた。かつての日本軍国主義がそうであった。今日のアメリカが苦悶している「テロとの終わりなき戦い」もまた、おなじ歴史の轍《てつ》を踏むものといえる。〝対話と圧力〟にもとづく制裁重視の北朝鮮政策にも〝砲艦外交〟に似た強圧的な外交政策と隣り合わせの危険がひそんでいる。

それればかりでなく、安全保障のジレンマは、国民に向かっても「国家の逆機能」としても跳ねかえってくる。それは市民を守るべき軍隊が市民の自由と権利をおびやかす存在となる逆説である。9・11事件後、「愛国法」の下、アメリカで一般化した公権力による令状なしの拘束・盗聴の横行をみればよい。それらは「自由を守るため」として正当化される。同時期のブレア英首相の治安強化発言――「テロとの戦いにおいて、国家安全保障は市民の自由に介入する正当な根拠となる」という言葉にも、おなじひびきがうかがえる。マグナ・カルタや権利章典を発祥させた国においてさえ、軍事力に依存するかぎり「国家の逆機能」の罠からまぬかれえないのである。日本人には、沖縄戦のさい、住民に銃口を向け、「集団自決」をせまった軍・民関係を思い起こせば十分だろう。直近の事例としては、陸上自衛隊・東北方面情報保全隊(情報保全隊とは、自衛隊の秘密情報を守るため、陸海空の三自衛隊にそれぞれ編成されている部隊)が、「イラク自衛隊派遣に対する国内勢力の動向」調査と称して、市民運動などを監視していたことが、二〇〇七年六月に発覚している(日本共産党が内部文書を入手し、公表したことによる)。そこでは、〝イラク戦争反対〟の世論が「反自衛隊活動」として把握されていた。

そうした、すでに証明済みの「威嚇と対立の安全保障」の方向に逆走するのはおろかなことだ。そうではなく、冷戦後のEU(欧州連合)が選んだような「共通の安全保障」をめざすほうが賢明であろう(二五―二八頁参照)。めざすべきは、核時代の国際社会に戦争による勝者はありえないという認識に立って、「勝ちか負けか」のゼロサム的な安全発想から離脱し、双方ともに安全と安心を共有できる「ウィン・ウィン」型(どちらも得をする)ないし「フェア・アンド・シェア」(公正と共有)型の国際関係を構築する選択肢である。そのような枠組みを東北アジアにみちびきいれる努力のほうが、より建設的な未来を展望できる。

日本国憲法が前文で「諸国民の公正と信義に信頼して、われらの安全と生存を保持しようと決意した」とうたっているのは、まさしく憲法公布の一九四六年に発信された「共通の安全保障」のよびかけにほかならない。安倍政権下の自衛隊は、いま、そこから「脱却」しようとしているのである。

ローマの哲学者セネカは、こう書いている(茂手木元蔵訳「人生の短さについて」『人生の短さについて 他二篇』岩波文庫、一九八〇年)。

「人生は三つの時に分けられる。過去の時と、現在の時と、将来の時である。このうち、われわれが現在過ごしつつある時は短く、将来過ごすであろう時は不確かであるが、過去に過ごした時は確かである。なぜならば、過去は運命がすでにその特権を失っている時であり、またなんぴとの力でも呼び戻されない時だからである。この過去を放棄するのが、多忙な者たちである。」

また、つづけて次のようにいう。

「しかし過去の時は、諸君が命じさえすれば、そのことごとくが現れるであろうし、君が好きなように眺めることも引き留めることも勝手である。ただし多忙な人には、そうする余裕はない。」

過去を放棄すること、また、現在過ごしつつある短い時を、不確かな将来につなげないために、セネカの章句を念頭におきながら「自衛隊　変容のゆくえ」――過去の時と、現在の時と、将来の時――をさぐっていくことにしよう。

以下、本書で検証していくのは、自衛隊の変容について、

・どこが変わったのか
・なぜ、変わったのか
・その結果、何が起こりうるか
・ほかにえらぶ道はないのか

これらを問題意識に、おもに冷戦終結後における日米安保協力の新展開と、それにともなう自衛隊の変化に焦点を当てて振りかえる。同時に、「存在すれども機能せず」にちかいほどな

いがしろにされた憲法状況下で、いかにゼロサム型安全保障から脱却していくかを考えていく。

まず、一九九〇年代以降の国際情勢を概観してみよう。

第Ⅰ章

転換期を迎える自衛隊

── 冷戦の岐路と変容 ──

初の海上警備行動で，不審船の追跡に出動した海上自衛隊のイージス艦「みょうこう」(1999 年 3 月 24 日，写真提供 = 共同通信社)

安保協力の新たな枠組みの変遷

【防衛庁の「省移行」への流れ】

1964	6	池田内閣「防衛省移行法案」を閣議決定(国会提案は行わず).
1997	12	行政改革会議最終報告「政治の場で議論する問題」と結論を避ける. 「新ガイドライン」(1997年),「周辺事態法」(1999年),「船舶検査活動法」(2000年).
2001	6	保守党「防衛省設置法案」を国会提出, 廃案. 「テロ特措法」(2001年).
2002	12	自民・公明・保守の与党3党「有事法制成立後に, 最優先課題として取り組む」と合意. 「イラク特措法」(2003年),「武力攻撃事態法」(同).
2004	10	防衛問題懇談会「未来への安全保障・防衛力ビジョン」発表.「基盤的防衛力」から「多機能弾力的防衛力」への転換を提唱.「国際平和協力の推進」のため「一般法の整備を検討すべき」.「武器輸出三原則」を見直し「米国との間で, 武器禁輸を緩和すべき.」
	12	「防衛計画の大綱」を改定. 「国民保護法」(2004年).
2005	10	新ガイドライン路線の総仕上げ(10月27-29日). 原子力空母の横須賀配備決定. 自民党「新憲法草案」発表. 在日米軍基地再編合意「日米同盟:未来のための変革・再編」発表. 公明党,「容認」に転換, 自・公, 次期国会に法案提出で合意.
2006	3	統合幕僚監部発足. 統合幕僚長が長官を補佐して部隊運用を一元的に指揮. 運用・調査部門を統合幕僚監部に移管.
	6	「防衛庁設置法の一部改正案」国会提出. 審議入り(10月), 成立(12月).

表I　1990年代における日米

1995	2	「ナイ・リポート」公表．冷戦後に向けた安保再定義を提唱．
	9	沖縄で少女暴行事件．「基地整理縮小のための特別委」(SACO)発足． 思いやり予算第3次改定．施設整備費，労務費，光熱水費，訓練移転費の日本側全額負担．
	11	防衛計画の大綱改定．
1996	4	「日米安保共同宣言」発表．同盟維持の確認．ガイドラインの見直し作業開始合意．
	12	SACO最終報告．普天間基地移設と引きかえに海上ヘリ基地建設合意．
1997	4	沖縄の「米軍用地特別措置法」改正．改正法第15条において，駐留軍の用に供するための土地で，引きつづきその使用について認定があったものは，当該使用期限の翌日から，引きつづきこれを使用することができることとした．
	9	「新ガイドライン」合意．周辺事態における日米協力を定める．
1998	4	ACSA(日米物品役務相互援助協定)改定調印．改定第1条「この協定は，共同訓練，国際連合平和維持活動，人道的な国際救援活動又は周辺事態に対応する活動に必要な後方支援，物品又は役務の日本国の自衛隊とアメリカ合衆国軍隊との間における相互の提供に関する基本的な条件を定めることを目的とする．」
	8	「弾道ミサイル防衛に係る日米共同技術研究」締結．
1999	5	「周辺事態法」成立．新ガイドラインの実効性を確保するための国内法．
2000	11	「船舶検査活動法」成立．

1 冷戦終結後の国際安全保障環境——ベルリンの壁、ソ連崩壊、冷戦終結

超大国の「単独行動主義」

まず、冷戦終結後の国際情勢について「大きな変容」からみていこう。なぜなら「自衛隊の変容」は、国際的な安全保障環境の変化が生みだしたアメリカの軍事戦略の変更(それは「軍事における革命」や「変革」とよばれる)に規定されているからだ。ふつう「米軍再編」とよばれる動きは、在日米軍や米軍基地のみにかぎられるのでなく、国際情勢の変容にみなもとを発している。

一九八九年一一月九日、西ベルリンと東ベルリンの市内境界にそびえたち、ドイツ分断、欧州冷戦の象徴とされてきた「ベルリンの壁」に、民衆のハンマーが振り下ろされた。「壁」崩壊のほこりがまだ消えやらぬ一二月二、三日の両日、地中海マルタ島で会談したブッシュ-ゴルバチョフの米ソ首脳は、共同記者会見の席で、東西冷戦が事実上終了したことを確認した(マルタ会談)。その「ソビエト社会主義共和国連邦」も、九一年一二月二五日、ゴルバチョフ大統領の職務終了宣言をもって「CIS(独立国家共同体)」一二カ国に分解し、共産主義革命から六九年の歴史に幕を降ろす。ここに、それまで国際社会をイデオロギー対立の氷河にかた

く閉じこめてきた「冷戦」という国際権力構造は根底から崩れさった。

　東西冷戦終結を機に、安全保障に関する二つの考え方が国際政治のなかで鮮明になった。それはアメリカの「唯一超大国認識」や「単独行動主義」に代表される軍事優位安全保障の極端なかたちと、いま一つ、ヨーロッパにうまれた「地域協力と信頼醸成」にもとづく「共通の安全保障」という、単独国家から地域共同体に安全保障の重心をうつそうとするあらたな枠組みの模索である。

　アメリカの行き方は直情径行だった。あたかも西部劇の世界を地球大に拡大したかにみえる。ブッシュ大統領(第四一代)が打ち出した、アメリカを盟主とする「新世界秩序(New World Order)」の世界デザインは、一九九一年の「湾岸戦争」からクリントン政権時代(一九九三―二〇〇〇年)の「エンゲージメント(関与)戦略」を経て、第四三代ブッシュ大統領に「ネオコン(Neo-Conservative)路線」としてうけつがれた。そして二〇〇一年の「9・11事件」を契機に「アフガニスタン攻撃」(同年一〇月)、「イラク戦争」(二〇〇三年―)へといたる「テロとの終わりなき戦い」に暴発し、「文明の衝突」の泥沼に踏み込んでいく。究極的な「ゼロサム型安全保障」の追求である。

　二〇〇一年九月二〇日。倒壊したツイン・タワーの「グラウンド・ゼロ」地点で遺体収容作業がつづくなか、ブッシュ大統領は議会演説にのぞみ、断定的にこう述べた。

「(九月一一日の)夜の帳《とばり》が降りるころ、われわれの世界は一変した。自由そのものが攻撃される時代になっていた。(中略)世界のあらゆる国は、いま、決断しなければならない。われわれにつくか、あるいはテロリストの側につくかのどちらかである。今後、テロに避難所あるいは援助を提供する国家は、アメリカに対する敵対国とみなす。」

「対テロ総力戦宣言」とよばれるこの演説以降、単独行動と先制攻撃を基調とする「ブッシュ・ドクトリン」は、アメリカ国家戦略の準則となる。第四一代ブッシュ大統領が示した「新世界秩序」は、それ以後、ラムズフェルド国防長官主導のハイテク兵器を駆使した「衝撃と畏怖」の軍事力行使政策にねりあげられていく。そして第四三代ブッシュ大統領が「不安定の弧」とよんだあいまいな国際テロリズムの分布図にたよりながら、「ならず者国家」や「悪の枢軸」「テロ支援国家」を探しもとめ、二一世紀初頭の世界を〝前線なき軍事行動〟で染めあげる。

「ブッシュ・ドクトリン」にみる米軍事政策の変質

「ブッシュ・ドクトリン」という名でくくられる9・11事件後のおもな発言、報告をあげれば次のとおりである。

【悪の枢軸】「二〇〇二年大統領一般教書」(二〇〇二年一月)
「北朝鮮は、ミサイルや大量破壊兵器で武装する一方で国民を飢えさせている体制である。(中略)こうした国々やテロ同盟者は〝悪の枢軸〟を形成し、武装して世界の平和を脅威にさらしている。(中略)危険が増しているとき、事件が起きるのを待ったりはしない。アメリカ合衆国は、世界で最も危険な政権が、世界で最も破壊的な兵器を持ってわれわれを脅威にさらすのを容認したりはしない。」

【核使用】核態勢見直し(Nuclear Posture Review)(二〇〇二年三月)
「核攻撃能力への要求項目を設定するにあたり、アメリカが準備しなければならない不測の事態に関して区分を設けることができる。即時の事態、潜在的な不測事態、予期せぬ不測事態である。
•即時的緊急事態——現在の事態に関するものである。例としてイラクのイスラエルや近隣諸国への攻撃、北朝鮮の韓国攻撃、あるいは台湾の地位をめぐる軍事衝突があげられる。
•潜在的緊急事態——予測することが妥当であるが、即時の事態でないものである。
•不測的緊急事態——キューバ・ミサイル危機のように突然出現する安全保障への挑戦である。北朝鮮、イラク、イラン、シリア、リビアなどが即時的・潜在的あるいは予期せぬ不測事態に関係する可能性のある国々に含まれる。とくに北朝鮮とイラクは慢性的な軍事的懸念材料であった。これらの国はすべてテロリストを支援したり、かくまっており、大量破壊兵器およびミサイル計画を活発に進めている。」

【先制攻撃】「二〇〇二年国防報告」(二〇〇二年八月)

「アメリカを防衛するためには予防が必要であり、時には先制攻撃が必要である。あらゆる脅威に対して、あらゆる場所で、あらゆる想定時間に防衛するということは不可能である。唯一の防衛は攻撃に転ずることである。最善の防御はよい攻撃である。アメリカは地上部隊の使用も含めて事前に何事も除外してはならない。敵はアメリカがその敵を打ち破るために、あらゆる手段を使うこと、勝利を達成するためにはいかなる犠牲も払う覚悟でいることを理解しなければならない。」

冷戦後における日本の安全保障政策が、以上にみられるアメリカの唯一超大国路線と軍事力の先制行使に引きずられたものであることは指摘するまでもないだろう。アフガニスタン攻撃からイラク戦争派兵への同調がそれを示している。かくして自衛隊は、盟主アメリカにつきしたがう〝保安官助手〟のような役割を担わされることになった。

冷戦後ヨーロッパの「共通の安全保障」

とはいえ、冷戦後の国際社会がアメリカの力によってのみ動かされたわけではなかった。時期をおなじくして、もう一つの安全保障潮流が着実に形づくられていった事実も見のがされてはならない。ヨーロッパに芽生えた「欧州共同の家」のための「共通の安全保障」への歩みだしがそれである。そこでは軍事・単独安全保障に対する批判と自制が基調となる。フランスの人類学者エマニュエル・トッドによる警句的な冷戦後認識の表現——、

「世界が民主主義を発見し、政治的にはアメリカなしでやって行くすべを学びつつあるまさにその時、アメリカの方は、その民主主義的性格を失おうとしており、己が経済的には世界なしではやっていけないことを発見しつつある、ということである。

世界はしたがって、二重の逆転に直面している。先ず世界とアメリカ合衆国との間の経済的依存関係の逆転、そして民主主義の推進力がユーラシアではプラス方向に向かい、アメリカではマイナス方向に向かうという逆転である。」(石崎晴己訳『帝国以後』藤原書店、二〇〇三年)

ここに反面教師としてのアメリカに向けられた、もう一つのまなざしがある。ヨーロッパ諸国は、冷戦の歳月からたしかな教訓を学びとった。「共通の安全保障」実践への取り組みが、そのあかしである。ラムズフェルド国防長官は、イラク戦争に反対したフランスやドイツを「古いヨーロッパ」と嘲笑した。だが、体面を失い失脚したのはかれのほうだった。

「ベルリンの壁」崩壊から一年後の一九九〇年一一月、パリに参集した欧州安全保障協力会議(CSCE)三四カ国首脳とEC(欧州共同体)委員長によって、「新欧州のためのパリ憲章」(パリ憲章)が採択された。前月には東西ドイツの統一が実現している。

「欧州は今、過去の遺産からみずからを解放しつつある。人々の勇気、人々の強い意志、そしてヘルシンキ宣言に秘められた理念の力が、民主主義、平和、欧州統一への道を切り開いた。」

パリ憲章はこのように書きおこし、「対立と分断の欧州は終わった。われわれのこれからの関係は尊敬と協力に基礎を置くことを宣言する」とうたった。

翌年一一月、マーストリヒト条約(欧州連合条約)が調印され、ヨーロッパはEU(欧州連合)のもと、「共通の通貨・ユーロ」と「共通の外交・安全保障」でむすばれる地域共同体の開幕期をむかえる。一九九五年、「協力会議」(CSCE)は「協力機構」(OSCE)に格上げされ常設化される。それは七五年のヘルシンキ宣言によって欧州安全保障協力会議ができて二〇年後の成果であった。結束のきずなとなったのが「信頼・安全醸成措置」(CSBM)、「欧州通常戦力条約」(CFE)および「領空開放条約」(オープン・スカイ条約)など、あらたな共通規範の導入と軍縮条約、そして軍縮監視システムなど相互保障の確立であった。EUの基盤となったEEC(欧州経済共同体)の設置を定めたローマ条約の調印から半世紀たった二〇〇七年、EECはE

U(一九九三年)となっていて、加盟国は六カ国から二七カ国に増え、うち一三カ国がユーロ圏に加わっていた。単一の議会をもち、二〇〇八年には共通憲法の制定をめざしている。

このように冷戦後のヨーロッパでは、単独の主権国家による「国家安全保障」から「共通の安全保障」への認識転換が、アメリカの行う〝軍事グローバリゼーション〟や〝エンゲージメント戦略〟と同時期に、並行して試みられていたのである。この静かな変容、すなわち協調的な安全保障システムへの〝西欧の挑戦〟は、ユーゴスラビアやソ連解体にともなう民族紛争、またネオナチ(独)や「ルペン現象」(仏)など国内極右勢力の排外活動によって揺さぶられ足踏みすることはあっても、あともどりはしなかった。

「共通の安全保障」に逆行する日本

だが、このヨーロッパにうまれた安全保障の新構想が、日本の外交・防衛政策に影響を与えることはほとんどなかった。そこで起こっていることの意味が十分に伝えられ、「東アジア・共通の安全保障」の可能性として真剣に論議されたわけでもない。そのころの「防衛白書」をみても、「欧州の安全保障体制の構築」にいくらかの記述はあるものの「(欧州は)安定した枠組みを模索しているが、これが確立されるには、なおかなりの期間を要するものとみられる」(一九九二年版)と記されるだけである。見通しを誤った点では日本もアメリカと同様だった。

冷戦後における日本の安全保障政策は、それまでとおなじく、もっぱらアメリカの世界戦略およびアジア・太平洋戦略によって規定され、方向づけられていった。〝ソ連の脅威〟が消滅したとたんに、〝北の脅威〟は北朝鮮(朝鮮民主主義人民共和国)の「核・ミサイル開発」にあっさりとおきかえられた。また、中国の軍事拡大が声高に語られるようになる。まるで真空状態の出現をおそれるかのように、次の脅威が朝鮮半島にみいだされ、その背後の中国とともに固定された。情勢変化を受けて「日米安保条約の再定義」がなされ、自衛隊をより深くアメリカの世界戦略とむすびつけるとともに、自衛隊の活動領域に「日本周辺における事態」対処および「国際の平和と安定への寄与」が加えられていくのである。アメリカの許容範囲でしか動かないという姿勢が、いつに変わらぬ日本外交の習性だった。

そうしてみると、一九九〇年代は憲法九条にとって〝イナゴの年〟だったといえる。食いあらされ、荒廃させられた時期だった。バブル経済破綻後の政策失敗を形容してよくつかわれる「失われた一〇年」という言葉は、そのまま冷戦の教訓を学びとれなかった安全保障政策における錯誤、新時代への構想力欠如にもあてはまる。

その「失われた九〇年代」における自衛隊の変容を振りかえってみよう。それは安倍首相のいう「新時代の黎明期」にふさわしいものであったのか。それとも「戦後レジームからの脱却」は〝あらたな戦前〟に向かう嵐の夜明けとなるのか。

2　日米関係の変質と自衛隊

冷戦後のアジア情勢

一九八九年一一月に起きた「ベルリンの壁」崩壊をはじまりとして、九一年の「ソ連邦解体・消滅」へと突き進んだ国際情勢の激変――東西冷戦の終結は、二〇世紀後半に形づくられた米ソ対立型国際関係を根底からくつがえした。それとともに、日本の政治状況および安全保障政策にも重大な変化をもたらす。日本に波及した影響をおおまかにつかむと、次のように理解できる。

第一は、一九九〇年代以降のロシアが資本主義国家へと移行し、米ロ関係が敵対から準同盟関係に移行していくなかで、日米安保体制の存在理由だった〝反共・対ソ〟としての共通価値が消滅したことである。冷戦のさなかに合意された「七八年ガイドライン」(日米防衛協力のための指針)に想定されていた、極東ソ連軍の存在――〝現在そこにある〟と喧伝された日米共同防衛の共有基盤が失われた。バックファイア爆撃機、原子力潜水艦、そして〝北海道を襲う〟と描かれた巨大な地上軍も消滅した。一九五二年のサンフランシスコ平和条約発効からつづいた「自由陣営の一員」と「ソ連の脅威」に依拠した安保堅持論議は説得力を失う。自衛隊が存在のよりどころとしてきた「シーレーン（航路帯）防衛」「三海峡封鎖」「不沈空母日本」など、一夜にして古くさいものとなった。

第二に、アジアも変わった。第二次世界大戦後の東アジア情勢を特徴づける〝冷戦下の熱戦〟——地域紛争の歳月が、カンボジア内戦を最後として終了し（一九九一年一〇月、パリ和平協定調印）、国連による復興支援のプロセス（カンボジアPKO）がはじまったこと。また、もう一つのホット・スポットである朝鮮半島において、南北両国が同時に国連に迎え入れられたこと（一九九一年九月）。こうした動きも分断と対立がなお解けないとはいいながら、大きな情勢変化の到来であった。韓国と北朝鮮のあいだで、九一年一一月、政府間の「南北和解・不可侵・交流合意書」と「朝鮮半島の非核化に関する共同宣言」が取りかわされた。以来、安全保障に関する南北当事者間の意欲と能力は格段に向上した。

中国でも、ベルリンの壁崩壊とほぼ同時期に起こった軍と民主化運動との衝突、「天安門事件」（一九八九年六月）以降、「開放と改革」が進み、韓国との国交が樹立された（一九九二年八月）。ASEAN（東南アジア諸国連合）は六カ国から一〇カ国に拡大し、「ASEAN地域フォーラム」開設（一九九三年）や「東南アジア非核地帯設置条約」（一九九五年）によって地域共同体としての結束をゆるぎないものとしていった。ここでも東アジアにおける安全保障環境の構造転換は明白になった。けっして冷戦がアジアにだけ居すわっていたわけではない。

ゆれ動く「冷戦後」認識

当然ながら、これら国際情勢の変動は、日米安保条約の存続に影響を与えずにはおかなかった。この時期の「防衛白書」には、ゆれ動く国際情勢への希望と期待、その一方で先行きへの見通し不安が交錯している。それは「防衛白書」冒頭におかれた「国際軍事情勢　概観」の書き出し部分によくうかがえる。

「国際情勢は、欧州を中心として歴史的な変革期に入った。ソ連の深刻な経済不振に端を発する内外政策の変化や東欧諸国の民主化の動き等によって、東西関係は、冷戦の発想を超えて本格的な対話・協調の時代に移行しつつある。」（一九九〇年版）

「今日、国際軍事情勢は、冷戦を超えた新しい時代を展望しつつも、最近のソ連の不確実な動向、湾岸危機後の流動的な中東情勢を含む第三世界地域の情勢、不透明なアジア情勢などの不安定要因を抱えて推移している。」（一九九一年版）

「第二次世界大戦以降、四〇年以上にわたり世界の軍事情勢の基調をなしてきた東西対立は、ソ連の解体により名実ともに終結した。（中略）これにより世界的規模の戦争の可能性が遠のき、国際社会は、新しい平和の秩序を模索している。」（一九九二年版）

「今日の世界においては、冷戦の終結により世界的規模の戦争が発生する可能性は遠のいた。

（中略）一方、これまで東西対立の下で抑え込まれてきた、世界各地の宗教上や民族上の問題などに起因する種々の対立が表面化し、紛争に発展する危険性が高まっており、（中略）特に核兵器などの大量破壊兵器及び弾道ミサイルなどの高性能兵器の移転や拡散が国際的に懸念されている。」（一九九三年版）

対話・協調へのかなり楽天的な期待から、宗教・民族紛争を懸念する留保つきの評価へ、少しずつ情勢の見方が移っていくさまをみてとれる。おなじころ日本国内の政治でも自民党単独政治の崩壊（一九九三年八月）、初の非自民党内閣誕生（細川護熙《ほそかわもりひろ》内閣）と、連立政権時代への舞台がまわりつつあった。「防衛白書」の情勢認識のゆれに、国内の政治状況も影響していたのかもしれない。この時期、日本の防衛当局は、あらたな世界史の胎動を読みあぐねていた。

日本に、欧州型の「対話・協調の安全保障構想」がまるでなかったわけではない。しかし、日本の路線選択基準がつねに変わらず、「アメリカの世界戦略」という独立定数の変化に応じて変わる従属変数の位置から動こうとしなかったことも厳然とした事実である。ワシントンからの〝天の声〟が政策決定の指針だった。そのことは、「冷戦後の日米安保協力をどうするか」をめぐる協議の場ですぐに明らかになる。アメリカ政府は、自身の新世界戦略に適合した「日米安保の再定義」を日本に求めた。歴史的使命を終えた反共の条約である日米安保条約を、アメリカは、改定するのでなく「再定義」という解釈変更によって、あらたなアジア・太平洋戦略の道具としたのである。ここから自衛隊の海外任務がつむぎだされていく。

一九九三年発足したクリントン政権は最初の「国防報告」において、みずからを「唯一の軍事超大国」と規定しつつ、冷戦後の国際情勢の特徴を、①単一の脅威から多岐にわたる脅威、②固定した同盟関係から臨機応変な同盟関係、③戦略的な核兵器使用からテロ行為的な核兵器使用、④欧州中心から偶発的地域紛争と分析し、軍事力によるエンゲージメント政策を宣言した。「ボトムアップ・レビュー」とよばれる軍事力と基地配置の全面的な見直しがはじまる。

「冷戦は終わった。ソ連はもはや存在しない。われわれはこの新時代の性質を定義し、新しい戦略をつくり、それに合わせて軍隊と軍事計画を再構築しなければならない。」

翌年の「国防報告」で、新方針にもとづく地域紛争への「選択的介入原則」が打ち出された。たとえば、スーダンには介入せず、旧ユーゴの内戦には空軍戦力の行使にとどめ、イラクに対しては容赦ない攻撃を行うといった、今日につづく〝つまみ食い介入〟方式である（E・トッドはこの軍事介入を「演劇的小規模軍事行動」と評している）。

一方、日本に対してクリントン政権は、「国防白書」で、

「太平洋向けの戦力は、東アジアにおけるアメリカのコミットメントを維持するもので、前方基地と前方展開の部隊及び空・海・地上部隊の増援能力から構成される。この戦力は、海洋戦力日本と韓国の前方基地戦力の維持、そしてハワイ、アラスカ、米本土からの増援部隊が引

き続き重要な要素となろう」

と位置づけ、ソ連なきあとも重要な役割が与えられるシグナルが示された。

「安保再定義」の浮上

そこで第三に、ワシントン発の意向を受けた日米安保協力の見直し＝安保再定義へ向けた動きが浮上してくる。「国防報告」は「アジア・太平洋地域に一〇万人規模の米軍を維持する」と言明していた。そのためには、日米安保の運用方針を「単一の脅威＝対ソ抑止」から「多岐にわたる脅威＝地域紛争」にそなえる出撃型基地戦力に転換させ、自衛隊を、より能動的なパートナーに組み込む必要があった。ソ連との軍拡競争で疲弊した経済状況も、同盟国の軍隊と経済力により大きな支援を求める要因となった。アメリカ側から日米安保に「領域外周辺事態への共同対処」という海外任務が提起される。専守防衛、海外派兵禁止、集団的自衛権否定など、自衛隊のよって立つ土台に決定的な修正要求が、〝ワシントンの論理〟によってなされるのである。憲法と安保の相剋がさらに進行する。

冷戦終結がもたらした〝ポスト冷戦〟の安保協力は、それまで考えられなかった海外任務や米軍作戦への支援行動を、現実的な活動形態として自衛隊に要求した。その結果、一九八〇年代までは問題になりえなかった「アメリカの戦争」への直接的な協力、すなわち「海を渡る自衛隊」が、具体的でリアルな自衛隊の新任務としてもちこまれることになる。自衛隊の活動を領域外にまで認めるか、任務に「日本周辺における事態対処」や「国際テロリズムに対する国際共同行動」を加えるか。こうした問題が、「日米新ガイドライン（防衛協力の指針）」によって浮上してくる。そしてそれ以後「周辺事態法」―「武力攻撃事態法」―「テロ特措法」―「イラク特措法」に結実していく自衛隊の任務拡大、結論的にいえば〝米軍の手足路線〟――これらがクリントン政権のエンゲージメント政策に発し、九〇年代の「安保再定義」のなかから実像をあらわすのである。

第四に、こうした国際情勢の激変に直撃されながら、九〇年代は、国内政治にあっても「自民党単独政権の終焉」という画期が記された時代として記憶される。「湾岸危機」から「湾岸戦争」にかけて政権をになった海部俊樹内閣、カンボジア復興支援のための「PKO協力法」を成立させた宮沢喜一内閣、自民党単独政権がつづいたのはここまでだった。九三年八月、宮沢内閣総辞職ののち、非自民八派からなる細川連立政権が発足したことにより、保守合同以来三八年に及んだ長期政権の時代に幕を降ろした。それからの安保政策は、短い期間に終わった非自民政権――細川―羽田孜―村山富市政権時代――のあと、ふたたび主導権を取りもどした自民主軸の連立政権――橋本龍太郎―小渕恵三―森喜朗―小泉純一郎―安倍政権――の下で形づくられることになる。八人の首相と一七人の防衛庁長官というめまぐるしい内閣交代と、自民党・社会党の二極構造に代わる多党化・連立政権がつくりだす離合集散、一方で〝北朝鮮の脅威〟を標的にした排外主義的ポピュリズム政治の台頭――。このように錯綜した政治状況下、自衛隊は、日米の函数関係(独立と従属)のタテ軸と、高まる保守化・右翼的ナショナリズム(改憲潮流)のヨコ軸の座標に規定され、国会論戦の不毛とメディアの無気力のなかで〝ふつうの軍隊〟〝戦争できる組織〟へと変身していくのである。

これらの特徴にうながされて進行した「安保再定義」「米軍と一体化する自衛隊」の流れを理解するには、

①「安保再定義」に関する日米政府間合意の成立――「ナイ・リポート」「日米安保共同宣言」から「新ガイドライン」(一九九五―九七年)

②国内法への転移――「新ガイドライン」から「周辺事態法」(一九九七―九九年)

③海外派兵の実施――「テロ特措法」と「イラク特措法」(二〇〇一―二〇〇三年)

④国民生活への波及――「周辺事態法」から「有事法制」(一九九九―二〇〇四年)

と把握するとわかりやすい。それはワシントン発の軍事波動が安保法体系を一変させ、憲法秩序に決定的ともいえる打撃を加え、さらに地方自治体や企業に戦争協力をおしつける過程でもある。次に自衛隊を海外に導きだした軌跡をみていこう。

「ナイ・リポート」と日米関係の変質

一九九五年二月、著名な国際政治学者でもあるクリントン政権の国防次官補ジョセフ・ナイ(国家安全保障問題担当)が「東アジア太平洋戦略報告(EASR)」と題された文書を公表した。「ナイ・リポート」もしくは「ナイ・イニシアチブ」と通称される。報告は、冷戦後におけるアメリカの東アジア太平洋政策全般について関与のあり方を論じたものであるが、日本部分に重点がおかれている。まず冒頭を、

「安全保障は酸素に似ている。酸素がなくなりかけて、初めてその存在に気がつくようになるのである。アメリカの安全保障プレゼンスは、東アジア発展のための酸素提供の支援をする役割を果たしてきた」

と、米軍事力の存在が不可欠のものだと印象づける〝酸素理論〟から書きおこし、

「日米関係ほど重要な二国間関係は存在しない。日米関係は、アメリカの太平洋安全保障政策と地球規模の戦略目的の基盤となっている。日米の安全保障同盟は、アジアにおけるアメリカの安全保障政策のかなめ(linchpin)である。この同盟は、アメリカと日本からだけでなく、この地域全域から、アジアにおける安定を確保するための重要なファクターとみなされている」

と、このように日米同盟の役割をアジア全域に拡大しながら指摘したうえで、

「アメリカの安全保障政策のよりどころは、在日基地へのアクセスとアメリカの軍事行動に

たいする日本の支援である。東アジアにおけるアメリカのコミットメントを支えるため、われわれは約一〇万人の要員を必要とする戦闘組織を維持する方針である」

として、同時に、冷戦後の日米同盟のあり方に関して、次のように提示した。

「日本は、日本国憲法の制約に従いながら、もっぱら領土防衛とシーレーン一〇〇〇海里防衛に当たり、他方アメリカは戦力投入と核抑止の責任を担ってきた。ただし、もっとも重要な点は、この分担が地域全体の安全保障に貢献していることにある。日米同盟は、国際共同体すべての平和と安定の維持という広範な利益をもたらしているのである。」

ここに自明のように記述された「国際共同体すべての平和と安定の維持」、すなわち二国間のみにとどまらない安保同盟の目的を日本側に公式に認知させること、アメリカの世界的パートナーとなりうる自衛隊へ――これが「ナイ・リポート」の意図であり、「安保再定義」開始の合図でもあった。

日米安保共同宣言――地域限定のない共同行動へ

翌九六年四月、来日したビル・クリントン大統領と橋本龍太郎首相との首脳会談で「日米安全保障共同宣言――二一世紀に向けての同盟」が発表された。宣言は「ナイ・リポート」に示された情勢認識を基礎としていた。橋本首相はアメリカの冷戦後の世界観にほぼ同調した。

「本日、総理大臣と大統領は、歴史上最も成功している二国間関係の一つである日米関係を祝した。（中略）日本と米国の堅固な同盟関係は、冷戦の期間中、アジア太平洋地域の平和と安全の確保に役立った。両首脳は、日米関係の将来の安全と繁栄がアジア太平洋地域の将来と密接に結びついていることで意見が一致した。」

そこでうたわれた日米安保協力のあらたな運用原則は、次のようになっている。

- 米国は引きつづき軍事的プレゼンスを維持する。日本におけるほぼ現在の水準を含め、この地域に、約一〇万人の前方展開軍事要員からなる現在の兵力構成を維持する。
- 日本は米国のゆるぎない決意を歓迎する。日本は安保条約にもとづく基地の提供ならびに財政的支援を提供することを再確認する。
- 緊密な防衛協力が日米同盟関係の中心的要素である。その関係を増進させるため、一九七八年の「ガイドライン」（日米防衛協力のための指針）の見直しを開始する。
- 両国政府は、アジア太平洋地域の安全保障情勢をより平和的で安定的なものとするため、共同でも個別でも努力する。この地域におけるアメリカの関与がその基盤である。
- 両国政府は、日米安保条約が日米同盟の中核であり、同時に、地球的規模の問題についての日米間の相互信頼関係の土台になっていることを認識する。

不思議なことに、この安保共同宣言には、日米安保条約の基礎をなす条約区域（「日本国の施政の下にある領域」）と、米軍の駐留目的区域を指す「極東」という用語がまったく出てこない。そこには三つの協力分野――二国間協力・地域協力・地球規模での協力――が設定されているが、対象範囲はすべて従来の安保関係文書に記載されたことのない「アジア太平洋地域」に統一されている。その理由について――カート・キャンベル国防次官補が九七年六月、与党訪米団（団長・山崎拓自民党政調会長）との会談で述べたところでは、

「当時「極東」という用語については、日本側の一部から英国の帝国主義の名残のようで不適切であるとの意見もあり、「アジア太平洋地域」の方が意図する地域を示すのにより適切な語である、とされた」（「与党訪米団帰国報告、一九九七年七月八日」）と、日本側の発意であったように記されている。

日本側としては、あらためて「極東」を強調することにより、中国からの反発を懸念したのかもしれない。しかし、ここにおいて安保協力の地理的範囲は、「日本国の施政の下にある領域」（安保条約第五条）および「極東の範囲」（同第六条）を離れて、より広い共同行動の場へと歩みだしたといえる。当然、それは自衛隊の領域離れにつながらずにはおかない。「ナイ・リポート」の作成者は「日米安全保障共同宣言」について、

「日本が新たに担う世界規模の役割は、地域的、世界的な安定にこれまで以上に貢献することを意味する。安全保障同盟として始まった同盟はまた、関係全般にわたる独特な相互依存関

係に特徴づけられた真のパートナーシップとなった」と高く評価した。アメリカにとって筋書きどおりの方向が描かれたのである。

「周辺事態」という内容不分明な概念

一九九七年九月、前年の安保共同宣言を受け「日米安全保障協議委員会」で検討されてきた「新ガイドライン」改定の最終報告が両国政府に報告、了承された。この文書にとつぜん出現した安保協力の新領域――「日本周辺における事態＝周辺事態」に対する共同対処こそ、「極東」にかわる日米共同行動の拡大された地理的枠組みであった。同時に、自衛隊を海外戦争への参加にみちびく第一歩ともなる。それは安保条約を改定することなく（つまり国会の批准・承認抜きに）、政府側の裁量によって条約にあらたな内容を盛り込むに等しい行為であった。その意味で、「ナイ・リポート」―「安保共同宣言」―「新ガイドライン」は一直線につながって自衛隊を世界に先導したとみなしうる。

「新ガイドライン」にあらわれた「周辺事態」とは、どのようなものか。

「周辺事態は、日本の平和と安全に重要な影響を与える事態である。周辺事態の概念は地理的なものではなく、事態の性質に着目したものである。（中略）日米両政府は、個々の事態の状況について共通の認識に到達した場合に、各々の行う活動を効果的に調整する。なお、周辺事態に対応する際にとられる措置は、情勢に応じて異なり得るものである。」

このように説明されているが、一読して明らかなとおり、地理的区分をもたない不定・流動・恣意にわたる「周辺」の設定、そこで効果的かつ情勢に応じて選択される「活動」の分担、内容不分明な「事態」と、それぞれに連動する自衛隊の、境界を定めがたい「対応」という広範な協力のありよう——これらに「周辺事態」の特徴がある。

国会の質疑においても、政府側は次のように答弁しつづけた。

「ある事態が周辺事態に該当するか否かは、あくまでその事態の規模、態様等を総合的に勘案して判断する。したがって、その生起する地域をあらかじめ地理的に特定することはできない。このあらかじめ地理的に特定することができないという意味で、周辺事態は地理的概念ではない」。このようにあいまいな解釈を崩すことなく押しとおした。

日米安保が想定していた行動範囲

この「周辺地域」という日米共同行動の場、「事態対処」という自衛隊の協力分野が、いかにそれまでの安保解釈から逸脱するものであるかは、たとえば、安保条約の調印者である岸信介首相が条約批准審議の国会(一九六〇年)で行った見解や答弁によっても歴然としている。

岸内閣は、条約第六条に記された在日米軍の基地使用条件である「極東の範囲」を、

「大体においてフィリピン以北並びに日本及びその周辺の地域であって、韓国及び中華民国の支配下にある地域もこれに含まれる」(内閣統一見解、一九六〇年二月二六日)と定義した。

ここから「周辺事態という概念」「地理的なものでない条約区域」という解釈を引きだすことはできない。岸首相はまた、米軍と自衛隊の出動要件について、次のように答弁している。

「この新安保条約の基本的の《(ママ)》考え方として、二つの大きな前提があります。一つは、国連憲章の精神にのっとり、国連憲章のワク内において結ばれておるという前提であります。(中略)第二は、日本国憲法のワク内ですべてのことが律せられるということであります。いかなる場合におきましても、この条約の防衛に関するいわゆる実力行使ということが行なわれるためには、国連の憲章に違反しての不当な侵略行為が現実に行なわれた、他から不当に武力が行使されて、われわれの平和と安全が害せられたという事実がない限りにおいては、日本の自衛隊の力も、あるいはアメリカの防衛上の実力も、これはやらないというのが建前でございます。」

(衆議院・日米安全保障条約等特別委員会、一九六〇年二月二六日)

また、こうもクギがさされている。

「日本が自衛力を発動し、あるいは日本に駐留せしめておるところの米軍が行動するという場合は、日本に対して武力攻撃が加えられたわけであります。(中略)もう一つ、(中略)日本に駐留しておる米軍が、極東の国際的安全と平和が侵されておる場合において、日本の基地を使用してこれに対抗するという場合があげられております。（中略）今回の条約においては、そういう場合においては、事前協議の対象として、（中略）日本の承諾を得ない限りは米軍は行動できないというふうに、制約が設けられております。（中略）従って、米軍が出動する場合におきまして、極東の平和と安全というものと日本の平和と安全が不可分であるような場合におきましては、われわれはこれに対して承諾を与え、（中略）そういうことに非常に縁遠い問題であるというような場合におきましては、（中略）それに対して拒否する（中略）かように考えております。（中略）極東の平和と安全が日本の平和と安全にいかに緊密な関係にあるといいましても、日本の自衛隊が日本の領域外に出て行動することは、これは一切許せないのでありますから、そういう場合において、駐留している米軍が、日本の基地を使用してそうしてこれを排除するということは、あくまでも防衛的であり、日本の安全の上からいって適当なことであって、これによって、一部にいわれているような戦争に巻き込まれる危険があるということは、私は間違っておる、こう思うのであります。」（同委員会、一九六〇年三月一一日）

ここでも自衛隊が日本領域外および米軍との共同行動は明確に否定されている。日米安保とはそのようなものであると岸首相は強調した。自衛隊が領域外に出て行動することはありえないともいった。これら、条約に明記され、調印者みずから確定解釈を示した条文の規範性が、のちの内閣の一存でねじまげられ、新規条文にひとしい条項を付加することは、法治国家にとって自殺行為とすべきであろう。しかし現実の政治では、ガイドライン（指針）という、それじたい条約でも法律でもなく、したがって、国際法や国内法の根拠をもたない行政取り決めが、安保条文に書かれていない軍事協力のかたち——それはのちに安保条約の「目的の範囲内」と説明される——を決定する逆転現象をうんだのである。

日米安保を踏み越える「新ガイドライン」

新ガイドラインは、それまでの条約解釈の根幹を断ち割るように、「周辺事態」という領域外軍事協力や「地球規模での協力」に広がっていく自衛隊の活動分野を設定した。それは次の機能からなる。①平素からの協力、②日本に対する武力攻撃に際しての対処行動等、③日本周辺地域における事態で日本の平和と安全に重要な影響を与える場合（「周辺事態」）の協力の三つである。そのうち、重点は③におかれた。新規設定された「周辺事態」協力分野には、三つの形態が示されている。

- 施設の使用——「日本は（米軍に対し）、必要に応じ、新たな施設・区域の提供を適時かつ適切に行うとともに、米軍による自衛隊施設及び民間空港・港湾の一時的使用を確保する。」
- 後方地域支援——「日本は、日米安全保障条約の目的の達成のため活動する米軍に対して、後方地域支援を行う。（中略）後方地域支援は、主として日本の領域において行われるが、戦闘行動が行われている地域とは一線を画される日本の周囲の公海及びその上空において行われることもあると考えられる。

後方地域支援を行うに当たって、日本は、中央政府及び地方公共団体が有する権限及び能力並びに民間が有する能力を適切に活用する。自衛隊は、日本の防衛及び公共の秩序維持のための任務の遂行と整合を図りつつ、適切にこのような支援を行う。」

・運用面における日米協力――「自衛隊は、生命・財産の保護及び航行の安全確保を目的として、情報収集、警戒監視、機雷の除去等の活動を行う。米軍は周辺事態により影響を受けた平和と安全の回復のための活動を行う。」

以上の分野に四〇項目にわたる具体的な協力項目例が列挙された。たとえば「後方地域支援」の分野では、補給（燃料・油脂・潤滑油の提供）、輸送、整備、警備（米軍基地）など二六項目がかかげられ、また「運用面における日米協力」では、警戒監視（情報の交換）、機雷除去（周辺の公海）、捜索・救難、船舶検査（外国船の臨検）などがあげられている。いずれも自衛隊にとって未踏の領域である。「周辺事態法」制定に向けた与党「ガイドライン検討作業チーム」作成の「論点整理メモ」には、補給、輸送、警戒監視、機雷除去、捜索・救難、船舶検査などの項目に、「憲法上の判断」により「整理すべき点」とする注意マークのついた箇所――そこには

「武力行使と一体性の問題が生じるおそれ」や「海外における武力行使のおそれ」がある、と記されているが——を一三分野でみいだせる。いかに新ガイドラインが憲法ばかりでなく、これまでの安保協力からも隔絶したものであったか、与党にさえ、そのように受け止められていた事実がうかがえる。

同時にガイドラインは、これら協力活動の実施に向けた共同基準や実施要領を確立するための「包括的メカニズム」や「緊急時における活動の調整」である「調整メカニズム」といった日米協議の場をもうけることも予告していた。わかりやすくいえば「日米共同司令部」の母体となるものだ。ここにも「憲法上の判断」により「整理すべき点」——集団的自衛権への芽がみえていた。

このように「新ガイドライン」により、自衛隊は、国土防衛や専守防衛をこえる任務に従事することが課せられた。ここからさまざまな日米政府間合意とそれを実行するため国内法としての——安保特例法(周辺事態法、船舶検査活動法)および有事法制(武力攻撃事態法、国民保護法)などが制定されていく。なぜなら自衛隊の新任務は「地方自治体」や「企業・国民の協力」というあらたな基盤の構築なしには機能しないからである。

一連の「安保再定義」作業は、世紀をこえた二〇〇五年一〇月、「在日米軍基地再編」(正式名称「日米同盟：未来のための変革・再編」)合意によって全体像をまとめあげた。合意文書は、在日米軍基地の再編のみならず、米軍と自衛隊の〝一体化〟や〝融合〟と表現される関係をつくるフレームワークとなるものであった。また、在日米軍の活動に「新基地建設」や「自衛隊基地使用」など〝全土基地化〟につながる権益を供与する骨組みともなった。その日本全土にまたがるガイドライン路線の集大成――「新基地の提供」「米軍による自衛隊施設の使用」、および「民間空港・港湾の一時的使用」が完成するのは二〇〇六年五月、「行程表」(ロードマップ)をともなった「基地再編最終合意」によってである。それを受けて二〇〇七年に「基地再編促進法」が提案される。そこにいたる経過をみていこう。それは一九九八年にさかのぼる。

周辺事態法の成立

「新ガイドライン合意」を受け、一九九八年四月、橋本内閣は「新ガイドラインの実効性を確保する」ための関連法案「周辺事態法」(周辺事態安全確保法)を閣議決定し、国会に上程した。九九年五月の国会で成立する。法案には、「周辺事態に際し、より効果的かつ信頼性のある日米協力のための堅固な基礎を構築する」措置として、新ガイドラインにもられた自衛隊の対米支援活動が規定された。法案化にあたり周辺事態の定義をやや手直しして、周辺事態とは「そのまま放置すれば我が国に対する直接の武力攻撃に至るおそれのある事態等我が国周辺の地域における我が国の平和及び安全に重要な影響を与える事態」とした(第一条。傍点は引用者)。新ガイドラインより「周辺」の定義が、少しだけ日本領域に引きよせられた。しかし、政府側は最後まで周辺地域の地理的特定には応じようとしなかった。

法案には自衛隊による支援項目として、第六条に「自衛隊による後方地域支援としての物品及び役務の提供の実施」、第七条「後方地域捜索救助活動の実施等」、第九条「国以外の者による協力等」(「地方公共団体・民間企業」への協力要請)などが定められている。自衛隊の行う「物品及び役務の提供」は「武器・弾薬の補給や輸送を除く」としたものの、軍事行動をとっている米軍を自衛隊部隊が後方で支援することは、憲法の禁じる「武力行使」にあたるものではないと突っぱねた。たとえ後方とはいえ、自衛隊の支援活動が、米軍と交戦中の相手に対する敵対行為にならないとみなす新解釈は、どこからみても不自然で説得力に乏しい。また、よりきわどい支援活動である「船舶検査活動」(外国船舶の臨検)については、法案作成段階までに「憲法上の整理」に決着をつけられず(つまり国会論戦を切りぬける自信がもてず)、法案からはずす準備不足も露呈された(二〇〇〇年一一月「船舶検査活動法」として個別に立法される)。

法案審議がはじまってからも、政府は「周辺事態」の根拠となる安保条約の条文を示すことが、ついにできなかった。高村正彦《こうむらまさひこ》外務大臣は次のような答弁を行った。

「安保条約というのは日米間の条約で、まさにそこに規定があるものは条約上の義務としてやらなければならない。(しかし)義務としてやらなければいけないものには規定されていないけれども、それ以外のことを何も、日本が主権国家として、みずから安保条約上の信頼性を高めるために何かをやっていけないということではないわけで、今まさにそういうことがやれる法律を提案してご審議をいただいているところでございます。」(衆議院特別委員会、一九九九年三月一八日)

義務ではないが、やっていけないことはない。まるで居直りのような、理屈の通らない苦しまぎれの答弁だった。文書による政府統一見解でもおなじ論法がくりかえされている。

「(周辺事態協力は)日米安保条約上法的に義務付けられたものではない。しかし、我が国が、憲法の範囲内において、法整備を行い、安全保障上必要な措置を採り得る体制を整えることは主権国家として当然であり、周辺事態安全確保法の下における対米協力もこのような考え方に基づき、日米安保条約の目的の枠内で行われるものである。したがって、日米安保条約にこうした協力に関する明示的な規定がないことは何ら問題となるものでないと考える。」(清水澄子参議院議員に対する小渕恵三首相答弁書、一九九九年八月二四日)

野党側は納得しない。高村答弁を共産党の佐々木《ささき》陸海《りくかい》議員が追及した。

佐々木議員　まさに安保条約の規定にないことをやろうとしている。安保条約の枠外のことをやろうとしているということじゃありませんか。総理、はっきり確認してください。

高村外相　安保条約の目的というのは、我が国および極東の平和と安全、それを守ることでございますけれども、この法案は我が国の平和と安全に資するということが目的になっているわけで、まさに日米安保条約の目的の枠内でございます。

佐々木議員　総理もそういう見解でよろしいですか。安保条約の枠内ということですか。

小渕首相　そのとおりでございます。

佐々木議員の質問は時間ぎれでそれ以上深められなかったが、社民党の辻元清美《つじもときよみ》議員に対して首相は、やはり法的義務ではないが、主権国家として当然と答えている。

「指針のもとでの周辺事態における対米協力は、安保条約の目的の枠内で行われるものであり、条約上明示的な根拠がなくとも、こうした活動を行うことに何ら問題はありません。」

このように、「安保条約の目的の枠内」という、どうにでも解釈でき、いくらでも拡張していくことが可能な解釈が法案審議の場で押しとおされた。

「戦闘行為」と「後方地域」

国会ではまた、「後方地域支援」を行う後方地域の定義をめぐる議論も交わされた。これも与党の「論点整理メモ」で「憲法上の問題」が指摘されていた箇所である。法案は表現を少し変えた。

「新ガイドライン」による「後方地域」は、「戦闘行動が行なわれている地域とは一線を画される日本の周囲の公海及びその上空」と表現されていた。周辺事態法ではそれを「現に戦闘行為が行われておらず、かつ、そこで実施される活動の期間を通じて戦闘行為が行われることがないと認められる我が国周辺の公海及びその上空の範囲」(第三条)とあらためた。「武力行使と一体化」することを少しでも回避しようという苦心のあとである。だが、この書きかえで自衛隊の戦闘参加と武力行使——集団的自衛権行使への踏みこみに歯どめがかかったとはとてもいえない。法文作成技術における手直し、修辞上の言いかえの域を出るものでなく、実態的観点に立って現代戦の戦闘行為を論じるなら、「一線を画する」空間の限定であれ、「活動の期間」という時間の尺度を用いるものであれ、「前線と後方」の区分などありえないことは明瞭である。しかし、野呂田芳成《のろたほうせい》防衛庁長官は、

「一般論として申し上げますと、たんにミサイルが一発飛来したことのみをもって、直ちにそこで戦闘行為が行われているとの判断に至り、戦闘行為と一線を画される地域がなくなるわけではない、私どもはこう思っております」と答弁した。ミサイルが飛んできても後方地域。野呂田答弁は、条文変更がたんなる作文であり、実質的になにも変わっていないことを示していた。

「北朝鮮脅威論」という神風

「周辺事態法」は閣議決定から成立まで一年一カ月を要した。この期間に、橋本内閣から小渕内閣への政権交代があり、政局は混迷した。そのことも一因だが、法案の内容に与党内(自民、社民、さきがけ)から異論が出たことも影響していた。答弁者はしばしば立ち往生し、審議は停滞した。状況を逆転させたのが、一九九八年八月におきた「テポドン打ち上げ」と九九年三月の「能登沖不審船事件」である。北朝鮮による二つの事件は、法案成立への力づよい追い風となった。

八月三一日、北朝鮮がテポドン一号とみられる弾道ミサイルを発射した、と発表された(北朝鮮の発表によれば人工衛星打ち上げであり、のちにアメリカも人工衛星失敗説を正式に認めている)。飛翔物体の一部は日本海と三陸沖の太平洋に落下した。九月三日、衆議院本会議で「北朝鮮によるミサイル発射に抗議する決議」が採択された。つよい感情をむきだしにした、格調にかける決議である。

「今回のミサイル発射は、我が国の安全保障に直結する重大な問題である。(中略)このような非友好的、かつ無謀な暴挙を絶対に容認することはできない。

本院はここに、北朝鮮のミサイル発射に厳重に抗議し、北朝鮮が直ちにミサイル開発を放棄し、このような発射を二度と行わないことを強く求めるものである。

政府は、本院の趣旨を体し、米韓両国をはじめとする関係国とも連携しつつ、(中略)必要かつ適切な断固たる措置を講ずるべきである。また、政府は我が国国民の安全確保のためのあらゆる措置をとるとともにアジア太平洋地域の安定と信頼醸成に(中略)一層努力すべきである。」

決議を受け、政府は、情報収集衛星の導入を決定するとともに、自衛隊部隊がミサイル発射に緊急対処できる命令を出せるようにする指揮権委譲の検討に入った。「必要かつ適切な断固たる措置」「安全確保のためのあらゆる措置」——これらは周辺事態法の審議促進にとっては、まことに都合のよい材料となった。

翌年三月二三日、今度は「能登沖不審船事件」が発生する。船名を偽装して航行中の二隻の船舶が領海内で発見されたのがきっかけだった。海上保安庁巡視船の停船命令と威嚇射撃を無視して両船は逃走した。小渕首相は、防衛庁長官に対し自衛隊法にもとづく「海上警備行動」の発令を指示した。出動した護衛艦とP‐3C対潜哨戒機から警告射撃と爆弾投下が実施されたが、防空識別圏の外に出たため追跡は打ち切られた。政府は、不審船二隻を北朝鮮の工作船だと断定した。

ここでも、その後の対応措置として、新型ミサイル艇の速力向上、「特別警備隊」の新編、護衛艦への機関銃の装備などが急がれることとなった。それとともに、一時あやぶまれていた周辺事態法の審議は事件のあと急速に進み、五月二四日成立する。政府にとって思いがけぬ〝援軍〟だった。だが、当時、内閣官房長官だった野中広務氏の次のような見方もある。

「私は、世の中に明らかにしていませんが、官房長官在任中に北朝鮮の不審船事件に遭遇し、小渕総理の許可を得て史上初の海上警備行動を海上自衛隊に出した張本人です。けれどもあの時、北朝鮮からの麻薬を運ぶ船は常に日本に来ていたと思います。後から考えますと、なぜあの時に発覚したのか、未だに不思議でなりません。あの時は防衛庁の調達業務の不祥事が次から次へと出てきて、ガイドライン法案が国会審議を混乱に陥れている時期でした。日本人はあの不審船で一挙にそういう問題から目を閉じてしまうことになりました。」（『ダカーポ』二〇〇二年三月六日号の魚住昭氏の記事より）

野中氏は講演の場でこう述べて（二〇〇一年九月）、「能登沖不審船事件」が意図的にフレームアップされ、世論操作に使われた可能性があると示唆している。断言こそしていないが、当時官房長官という地位にあった人物が公開の場で語った事実はきわめて重大である。

「不審船事件」が発生したのは一九九九年三月二三日であった。「周辺事態法案」はそれより一一日前の三月一二日から衆議院で審議が開始されていた。日米安保条約の適用地域を「日本国の施政の下にある領域」とする法案——すなわち適用地域を日本国内から「日本周辺における事態」と変更し、「周辺事態」なる海外に拡大するという、安保条約の実質改正にひとしい内容の法案に、疑問と批判が高まっていた。全国の地方議会からは「地方公共団体に対する国の協力要請」に反対決議や陳情、修正の要請も数多くなされた。たしかに「国会審議を混乱に陥れている時期」にちがいなかった。

そのさなか不審船事件がおき、領海侵犯、海上保安庁巡視船による追跡と失敗、護衛艦、哨戒機への海上警備行動発令、砲撃・爆弾投下という一部始終がテレビで同時中継されたのである。野中氏がいうように、実際には、北朝鮮籍とみられる工作船ないし不審船は、数十年間、日本沿岸で目撃されており、その都度、海上保安庁の巡視船により追跡されていた。それが、なぜかこの時だけ異例の対処がとられた。以後の国会の審議は、あれよ、あれよという間に進み、四月二七日には衆議院通過、五月二四日には参議院で可決された。政府にとって〝神風〟のような不審船事件のおかげで自衛隊に対米支援任務を与える周辺事態法案は一挙に成立してしまう。野中発言は、この間の〝不可解さ〟を語ったものだ。

こうして日米合意文書「新ガイドラインの実効性を確保する」ための措置——「周辺事態法」は、いくつもの問題点をつみのこしたまま、自衛隊の任務として国内法に位置づけられることになった。

「船舶検査活動」と武力行使

自衛隊が公海上で外国船舶の検査活動を行う「船舶検査活動法」は、前にみたように(四九ページ参照)「周辺事態法」国会では先おくりされたものの、二〇〇〇年一二月制定された(「周辺事態に際して実施する船舶検査活動に関する法律」)。これも「新ガイドライン」に採り入れられた米軍に対する「周辺事態協力」の一つである。

船舶検査活動は、国際法では「臨検」とよばれる。軍艦が、航行中の中立国を含む外国船に停船を命じ、禁輸品がないか積荷を検査し、場合によっては拿捕など実力行使にいたる行為をいう。平時における領海内での臨検は――密輸・密漁・密航容疑に対する立ち入り検査のように――海上保安庁による警察行為としてしばしば行われる。これとちがって、軍隊が行う臨検は戦時封鎖の一環であり「国の交戦権」行使とみなされる。自衛隊は、防衛出動のさいに侵略阻止の目的をもって実施する場合のほか外国船舶の臨検は「できないこと」とされる。つねづね政府は、憲法九条二項にいう「交戦権」について、次のように説明してきた。

「交戦者としての権利、而して最も典型的なものとしては敵性船舶の拿捕であるとか、或いは占領地の行政権であるとかいうこと。」(佐藤達夫法制局長官、一九五四年五月二五日)

「たとえば中立国船舶の拿捕であるとか、あるいは占領地行政というようなものが特色だと思うわけであります。(中略)これはまさに憲法では認められていないわけでございます。そ

ういうものは自衛隊にないわけでございます。」(林修三法制局長官、一九五六年五月六日)

「(交戦権とは)相手国兵力の殺傷及び破壊、相手国の領土の占領、そこにおける占領行政、それから中立国船舶の臨検、敵性船舶の拿捕などを行うことを含むものである。」(鈴木善幸内閣答弁書、一九八〇年一〇月二八日)

このように船舶検査活動は交戦権の機微にふれる協力内容を含むため、政府は、「周辺事態法案」の対米支援活動に盛り込むにあたり、「臨検」(visitation)の用語をさけ、「船舶検査活動」(ship inspection)と言い直す名称変換をほどこした。「臨検」の表現は消えた。しかし行為内容において大きく変わったわけではない。政府は、船舶検査は国連安保理決議にもとづく経済制裁を想定しており、したがって「国権の発動」ではなく、違憲にあたらないと主張した。しかし停船を命じるための警告射撃は「武力による威嚇」にあたるおそれがあり、また拿捕の場合「武力の行使」になるとして、前にみたとおり与党内部で調整がつかなかった。そこで「周辺事態法案」からこの条項は削除されたが、アメリカの要望は強かった。前掲した「与党訪米団」帰国報告(四〇ページ参照)の米側関係者とのやり取りにもそれが出ている。

「湾岸戦争以降、この七年間で約二万隻の船舶が検査の対象となったが、これまで深刻な事態に至ったケースはなく、今では検査はルーティン化している。臨検は、相手の船舶に軍艦が隣接して行われるため、相手の船舶の抵抗する意志が挫かれることを念頭に入れるべきである。

臨検にあたる人員は自衛のため小銃等の武器を携行する。また、臨検を行う際には訓練を要するが、海上自衛隊はプロフェッショナルであるので問題なく任務を遂行できると信じている。」

ここにみられるとおり船舶検査活動は事実上の「臨検」である。相手の意志を挫くことや武装要員の乗りこみが前提とされる。かぎりなく「武力による威嚇」に近い。「武力の行使」もありうると考えるのが自然だ。しかし「船舶検査活動法」は、ここでも口ざわりのよい用語の言い換えを用い「交戦権」の壁を乗りこえた。

また実施において、接近、追尾、伴走、進路前方待機など、抑制的な行動形態を指示することによって、「臨検」の強権イメージとの差異をみせる工夫もなされた。交戦権に抵触しないため、法律では、国連決議とともに「旗国の同意を得て」実施されると要件が付加された。警告射撃や拿捕は認められない、ともされた。しかし条文には、「乗船しての検査、確認」や「接近、追尾」のさい「自己又は自己と共に当該職務に従事する者の生命又は身体の防護のためやむを得ない必要があると認める相当の理由がある場合には、その事態に応じ合理的に必要と判断される限度で武器を使用することができる」(第六条)と書かれている。〝現場の論理〟や〝状況判断〟に立てば、相手の対応しだいで正当防衛という名の武力の応酬に転化していくのは目にみえている(二〇〇七年三月、ペルシャ湾で船舶貨物の検査にあたっていたイギリス哨戒艇がイラン海軍に拿捕され、水兵と海兵隊員一五人が二週間拘束された。これも国連決議にもとづく臨検＝船舶検査活動のなかでの出来事である)。

アメリカ側が、周辺事態協力に自衛隊の船舶検査活動を強く求める理由は、「テロとの戦い」において国連海洋法を超越した不審船の洋上阻止――PSI(Proliferation Security Initiative=「拡散に対する安全保障構想」)を実行する機会とみなしているからである。船舶検査活動には、周辺事態・船舶検査活動・PSIを一体化させるねらいが与えられている。念頭に「PSIを北朝鮮船舶に適用」ということが描かれているのはまちがいない。大量破壊兵器の拡散防止が緊急課題であるにせよ、一方、国際法の原則である「海洋自由原則」を無視して、アメリカ主導のもと、第三国船舶を「大量破壊兵器」「関連物資」「関連技術」輸送などの容疑で自由に臨検=乗船検査することは、「単独行動主義」が海洋秩序の根幹を破壊する行為の容認とみなされかねず、国際社会は全面合意していない。

しかし、船舶検査活動法が制定されると、海上自衛隊は、周辺事態における主要な訓練事項として毎年の「海上自衛隊演習」に組み込むようになる(くわしくは、第Ⅲ章2の〝ウィニー〟による流出情報で明るみにでた訓練実態のところでみる)。また二〇〇四年、アジアではじめて日本が主催したPSI合同訓練「チーム・サムライ04」には、海上保安庁とともに海上自衛隊艦艇も「調査・研究」の名目で参加した。二〇〇五年シンガポールで行われた東南アジア規模の訓練にも護衛艦「しらね」とP-3C哨戒機二機が派遣されている。中国と韓国は、どちらの訓練も参加を見送った。

「船舶検査活動法」の成立により、「周辺事態法」につづき、二つ目の「ガイドライン関連法」が整備されたことになる。

自治体と企業に向けられる協力への圧力

周辺事態法は、日本の国外に自衛隊の活動領域を広げたばかりではない。国内に向かっても「地域と企業」に対して安保特例法にもとづく規制と制限を持ちこんだ。その第九条は、「関係行政機関の長は、法令及び基本計画に従い、地方公共団体の長に対し、その有する権限の行使について必要な協力を求めることができる」と定める。関係行政機関の長とは、防衛庁など内閣の主務大臣を指す。同じく第九条二項には、「前項に定めるもののほか、関係行政機関の長は、法令及び基本計画に従い、国以外の者に対し、必要な協力を依頼することができる」と国以外の者、すなわち民間企業への協力依頼ができることも規定している。

この条文は、新ガイドラインにあった「地方公共団体が有する権限及び能力並びに民間が有する能力を適切に活用」する、という内容を実行にうつすための条文である。これが「有事法制」制定へのはじまりとなった。

政府が、全国の自治体に送った内閣安全保障・危機管理室、防衛庁、外務省連名になる文書――「周辺事態安全確保法第九条（地方公共団体・民間の協力）の解説」（二〇〇〇年七月二五日付）によると、次のような協力事項があげられている。

地方公共団体の長に求める協力項目の例では、

・地方公共団体の管理する港湾施設の使用
・地方公共団体の管理する空港施設の使用
・人員および物資の輸送に関する地方公共団体の協力
・地方公共団体の有する物品の貸与等（通信機、事務機器、公民館、体育館等の施設）
・公立医療機関への患者の受け入れ

また第二項関係――民間に対して依頼する項目の例では、

・人員、食料品、医薬品等を米軍や自衛隊の施設・区域と港湾・空港の間で輸送すること
・傷病者（米軍、自衛隊、避難民、救出された邦人等）を病院まで搬送すること
・米軍や自衛隊の廃油、医療関連の廃棄物について関係事業者の処理に係る協力
・民間企業の有する倉庫や土地の一時的な貸与

などが協力項目例とされている。

「解説」文書は、これらの協力が強制されるものでないといいつつ、「権限を適切に行使する

ことが期待される」「(政府が)調整を行なうことはあり得る」などと上意下達の可能性をにじませている。これら「地域と職場」の動員につながる協力要請に加え、国民の〝目と耳をふさぐ〟措置も打ち出されていた。情報公開に関する箇所で「解説」は、「協力の内容によっては、これを公表することにより、例えば米軍のオペレーションが対外的に明らかになってしまうといったことも考え得る。このような場合については、必要な期間、公開を差し控えていただくよう、協力要請の段階で、併せて依頼を行うことを考えている」と情報統制も示唆していた。

第九条の規定は全国の地方自治体に不安と動揺を与え、二〇〇以上の県・市町村が反対や慎重審議決議を採択した。しかし国側は、国会審議で地方自治の尊重を強調しながらも、自治体や企業に、政府の「協力要請」や「依頼」への拒否権があるとは認めようとしなかった。この論点は、その後提案される「有事法制」、とりわけ「国民保護法」において、よりぬきさしならない国権対地方自治のかたちで議論の焦点となるものである。のちにもう一度みることにしよう(第Ⅳ章1参照)。

冷戦後の自衛隊の変容

以上みてきた冷戦後における日米安保協力、その下での自衛隊の変容は、それ以前の防衛論

議を規定してきた憲法原則および政府解釈に大きな転換をもたらした。すなわち、

・自衛隊の任務は国土防衛に徹するものであって、個別的自衛権の範囲内で専守防衛を本旨とする受動的な防衛戦略に限定され、海外派兵は行ないえない。

・安保条約にもとづく日米軍事協力は、条約区域である「日本の施政の下にある領域」にかぎられるものであって、なんら領域外における義務を負うものではない。

・自衛隊は自衛のための実力であって、必要最小限度の実力にとどめられ、国際法上の交戦権は行使できない。集団的自衛権の行使(他国の戦争への参加)は、憲法上許されない。

一九九〇年代の自衛隊のあり方とは、これらの枠組みが崩れ、地域的に、また任務においてあいまい化し、アメリカの世界戦略変更にしたがって、自衛隊が〝ふつうの軍隊〟に変化していく過渡期であった。そのうえを、二〇〇一年にはじまる〝小泉劇場の五年半〟が突っぱしり、さらには安倍首相の「戦後レジームからの脱却」へと、〝憲法破壊〟をより高次のものに押しならしていくのである。

＊「一九九〇年代における日米安保協力の新たな枠組み」を表Ⅰ(本章冒頭)に年表化した。

第II章
海を渡った自衛隊

上：軽装甲機動車から降りて周囲を警戒するイラク・サマワの自衛隊員(2004年1月20日)
下：イラクで空輸任務に従事する航空自衛隊C-130輸送機(2004年1月30日)(ともに写真提供＝共同通信社)

1　海外で自衛隊は何をしてきたか

「夫インド洋、妻はチモール」

「夫インド洋、妻はチモール」。こんな見出しの記事が自衛隊の準機関紙『朝雲』に載った。二〇〇二年九月のことだ。米軍のアフガニスタン攻撃を支援する「テロ特措法」制定、そしてインド洋への補給艦、護衛艦の出動。それによって海上自衛官の夫は対米支援任務に派遣される。一方、女性自衛官の妻は、おなじ時期を東チモールPKO部隊の一員として、やはり海外ですごす……。記事は、美談仕立ての〝夫婦共働き自衛官〟の別居生活を通じ、新世紀初頭における自衛隊活動の広がりを伝えていた。

この年、すなわち二〇〇二年、海外で新年を迎えた陸・海・空自衛隊員は二〇〇〇人以上にのぼった。クウェート、インド洋、ゴラン高原、東チモールなどだ。その後「インド洋津波支援」に派遣された部隊を加えると、自衛官約三〇〇〇人が、この年に国外に出たことになる。「海外派遣」は、もはや日常的な光景になった。

とりわけ「9・11事件」と「イラク戦争」を境として、自衛隊の姿勢は、いちだんと高ぶり戦闘色をつよめた。そのしるしを、いくつかの事例でみておこう。

二〇〇四年六月開かれた陸上自衛隊研究本部の「第三回研究本部セミナー」で、報告者の一人は、イラク派遣任務から今後学ぶべき課題を、こうしめくくった。

「今後の課題は、陸自も米軍同様、「戦うように訓練し、訓練したように戦う」ことのできる訓練環境の整備が重要」(『朝雲』二〇〇四年七月一日付)である。

ここではもう「戦う」ことこそが目標とされる。「人道復興支援」とは別の意図、すなわち「海外戦闘の準備」にそなえる機会、そのための訓練の場として、〝イラク体験〟を活用すべきだと、そう受けとめられている。

二〇〇四年一一月、イラク任務に第四次派遣隊として出発する陸自・第六師団第二〇普通科連隊の指揮官福田一佐に、元東北方面総監の太田陸将から、「千人針」が贈呈された。この記事も『朝雲』(二〇〇四年一一月一一日付)に出ている。「千人針」とは、『広辞苑』によると「一片の布に千人の女が赤糸で一針ずつ縫って千個の縫玉を作り、出征将兵の武運長久・安泰を祈願して贈ったもの。日清・日露戦争の頃始まり、初めは「虎は千里走って千里をもどる」の言い伝えから寅年生れの女千人の手になったものという」とある。〝弾よけの腹巻〟を巻いて海外出征……そんな雰囲気が伝わってくる。イラク派遣とは戦闘や戦死をともなう任務だと覚悟せよ、退役陸将は、隊員や家族に、そういい聞かせたかったのだろうか。送り出すほうも、送られる側も殺気だってきた。「気分はもう戦争」といった感じさえする。

二〇〇五年、海上自衛隊・呉地方総監部が配布したカレンダーに「維新元年　海上自衛隊」の文字がおどった。インターネットで閲覧できる海上自衛隊のホームページにも自衛艦旗(旧海軍の軍艦旗でもある)とならべ「維新元年」の文字が記されていた。なにを「維新＝体制一新」するつもりかさだかでない。だが、一九三〇年代の軍ファシズム運動が「昭和維新」を旗じるしに軍部独裁にいたったことはよく知られる事実だ。「平成の自衛隊」も、その〝維新〟を声に出しはじめたのである。憲法改正＝自衛軍創設を待ちのぞむ自衛隊の意欲表明、とみるべきなのか。ちなみに、この年一一月には自民党の「新憲法草案」が発表されている。

失われる「海外出動はしない」の原点

そもそも、と振りかえれば、自衛隊に「海外出動」などなかった。そのような任務など「ありえない」とされていた。防衛省への移行にともない二〇〇六年に改正されるまで自衛隊法第三条は、「自衛隊は、わが国の平和と独立を守り、国の安全を保つため、直接侵略及び間接侵略に対しわが国を防衛することを主たる任務とし、必要に応じ、公共の秩序の維持に当るものとする」と規定し、任務を「外部からの侵略阻止」＝国土防衛のみとしてきた。それが「自衛隊は合憲である」とする政府解釈のよりどころであった。国家「正当防衛権」の最後のとりで、「専守防衛」に徹する最小限の実力、だから憲法九条の下でも許されるという理屈である。

加えて、「国会決議」によっても「海外出動はできない」とはっきり確認された。「自衛隊の海外出動を為さざることに関する決議」がそれだ。自衛隊法が成立した一九五四年六月二日の参議院本会議で、付帯決議として採択された。

「本院は、自衛隊の創設に際し、現行憲法の条章と、わが国民の熾烈なる平和愛好精神に照し、海外出動はこれを行わないことを、茲《ここ》に更《あらた》めて確認する。右決議する。（拍手）」

この決議に木村篤太郎《きむらとくたろう》初代防衛庁長官は、こう答えた。

「申すまでもなく自衛隊は、我が国の平和と独立を守り、国の安全を保つため、直接並びに間接の侵略に対して我が国を防衛することを任務とするものでありまして、海外派遣というような目的は持っていないのであります。従いまして、只今の決議の趣旨は、十分これを尊重する所存でございます。（拍手）」

「海外出動はしない」、ここに〝自衛隊の原点〟はあった。岸信介首相が、一九六〇年の日米安保条約改定のさい、おなじ答弁をしたことは前にみた(四三―四四ページ参照)。もちろん自衛官も、そう教育されてきた。新自衛官がまずうけとる「自衛官の心構え」のなかに、

「自衛隊の使命は、わが国の平和と独立を守り、国の安全を保つことにある。自衛隊は、わが国に対する直接侵略及び間接侵略を未然に防止し、万一侵略が行われたときは、これを排除することを主たる任務とする。自衛隊は、つねに国民とともに存在する」と書かれている。

その「使命」とは、次のように記される。

「使命の自覚　(1)祖先より受けつぎ、これを充実発展せしめて次の世代に伝える日本の国、その国民と国土を外部の侵略から守る。(2)自由と責任の上に築かれる国民生活の平和と秩序を守る。

責任の遂行　(1)勇気と忍耐をもって、責任の命ずるところ、身をていして責任を遂行する。(2)僚友互いに親愛の情を持って結び、公に奉ずる心を基とし、その持ち場を守り抜く。」

「身をていして責任を遂行」や「公に奉ずる心」など、他の公務員よりきびしい義務の遂行や忠誠心が求められるのはたしかだ。しかし、それはあくまで「国民と国土を外部の侵略から守る」任務にかぎられる。「使命と責任」の対象は、あくまで郷土防衛である。

自衛官への見えない圧力

このようにして創設された自衛隊が、半世紀ののち「千人針」を腹に巻いてイラクという戦場におもむくなど、だれが想像しただろうか。ほかならぬ隊員自身、いちばん戸惑っているにちがいない。

「僕が入隊してからは、海外派遣のためのわけのわからない法律がいっぱいできた。政治の道具みたいになるのはごめんだ。」(入隊三年目の陸士長、『朝日新聞』二〇〇四年三月二一日付)

「このまままずるずるといけばきりがない。いつ終わらせるか(撤収期限を)はっきりきめるべきだ。」(護衛艦「こんごう」乗組二〇代隊員、『朝日新聞』二〇〇二年一二月五日付)

インド洋に夫を見送る妻も、「今までの出航とは全然違う。心配です」(『東京新聞』二〇〇一年一一月九日付)と、割り切れなさと不安をもらしている。

自衛官の夫や息子が海外に出動するなど、「本来任務」にも「付随的任務」にもないはずだった。ところが時代は急転した。自衛隊法の改正により海外派遣は自衛隊の「本来任務」となり、「国を守る心構え」は〝パスポートつき〟になったのである。遺書をのこして出発した隊員もいるという。こころならずも命令を受け入れなければならない雰囲気が現実につくられつつあるのだ。吉田敏浩氏の『ルポ　戦争協力拒否』(岩波新書、二〇〇五年)は、イラク派遣にあたり旭川の陸自・第二師団所属部隊で行われたアンケートについて報告している。それによると、二〇〇三年一〇月、つまり最初のイラク派遣部隊が編成されていたころ、隊員の意思確認調査が行われた。用紙には「熱望する」「希望する」「命令があれば応じる」「その他」という四つの選択肢が並んでいた。「希望しない」の項目はない。「隊内は、イラクに行くのは嫌だと言える雰囲気ではない」という、派遣隊員が家族にもらした言葉も紹介されている。たしかに「その他」に「希望しない」と書くのは勇気がいることだろう。

ここで特攻隊員の例を引き合いに出すのは少し乱暴かもしれないが、かつておなじような

「意思の確認」が行われた事実を知っておきたい。日本弁護士会の会長を務めた土屋公献氏が学徒出陣で海軍にいた時代に体験したことだ(『軍縮問題資料』二〇〇六年八月号)。

「私の軍隊時代の体験である。海軍予備士官の訓練を受けている途中、特攻隊志望者の募集があった。教官から各一枚ずつの白紙が配られ、それに記名したうえ、そこに「大熱望」「熱望」「望」「何れにても可」「不望」の五段階の回答を配すというテストであった。これは現実に特攻隊員になる者を選ぶ手段であると同時に、差し迫った近い時期に国に命を捧げる心即ち忠誠心の度合いをテストする方便でもあった。」

現在の自衛官は徴兵によるものではない。イラク派遣も死を前提にした特攻任務とはちがう。それでも、二つのアンケートに共通する意思決定の迫りかたには、おなじ「国家の論理」が感じられる。いずれの場合も、「嫌だと言える雰囲気」ではないのだろう。土屋氏は書いている。

「私は、今から考えれば恥ずかしいことだが、「大熱望」と記して提出した。その時代とその場所の雰囲気に呑まれた、ある意味では素直な意思表示であった。あとで同僚に尋ねたところ、概ね八割が「大熱望」であり、勇敢にも「不望」と記した極く少数の者は、予備生徒、予備学生の身分を奪われ、二等兵に戻されて去っていった。そして、実際に特攻隊に選ばれて姿を消した同僚とは再び会うことはなかった。」

いま、自衛官が「その他」で派兵拒否をえらんでも罰せられることはない。とはいえ、「希望しない」といえば、その後の昇進や処遇にひびくだろう。任期制のある陸自隊員ならばともかく（陸自二年、海・空三年任期）、自衛隊を終身の職業とするつもりの幹部・下士官の場合、重いプレッシャーがかかるのは目にみえている。比率からいえば、幹部など任期制でない自衛官の方が三倍も多い（幹部と曹クラスが約一八万人に対し、兵士にあたる任期制自衛官は約六万人）。『東京新聞』（二〇〇四年三月二一日付）によると、陸自・第二師団第一〇普通科連隊所属の小隊一九〇人に対するアンケート結果は、ほとんどが「熱望」「希望」「命令なら行く」で、「行かない」は二人だけだった。おそらく吉田氏の本にある、「隊内は、イラクに行くのは嫌だと言える雰囲気ではない」とは、「熱望」と書かざるをえない見えない圧力を指しているのだろう。その意味で土屋氏のいう「その時代とその場所の雰囲気に呑まれた」特攻志願の場と、あまりかわるところはない。土屋氏は体験を振りかえりながら、次のように警告している。

「「正義」「防衛」、更には「平和」まで掲げ、国の名において戦争を起こすのは一握りの邪悪な権力者であり、戦争の犠牲になるのは常に善良な一般庶民である。忠誠心の故に他国民を殺し、自ら死んで「英霊」となるという愚かな犠牲者を決して次の世代から出してはならない。」

自衛隊法新第三条にちりばめられた「国際平和」「国際社会の安全」などという文言を「特攻アンケート」の過去に重ね、読んでみる必要がある。

以上のような派遣隊員選抜の内幕を知り、そして戦時中の事例にふれると、たとえ「自衛隊は合憲」とする人にしても、考えこむにちがいない。「憲法・自衛隊法・自衛官の心構え」に位置づけられた国土防衛専一の任務と、にもかかわらず日常活動となった海外派遣との落差を、すんなり納得はできないだろう。ましてや国連決議もないまま開始されたアメリカのイラク戦争をまっさきに支持し、イラクという戦時・戦地への部隊派遣を強行した小泉政権の決定を正当化するのは、さらにむずかしい。そうした既成事実をつみあげながら、〃現実はこうなんだから〃と、自衛隊を〃自衛軍〃にするため自衛隊法を改正し、さらに憲法改正へ向かうことには、大いに疑問が感じられるだろう。しかし状況は着々とその方向へ動いている。

三万人の隊員が海外へ

冷戦終結後の自衛隊をもっともよく特徴づけるのは、「国際貢献」というキーワードと、「迷彩服が海を渡る」イメージだろう。それは、国連の要請にもとづく「国際平和協力活動」と、アメリカ政府の要請による「テロリズムの攻撃に対応する活動」や「人道復興支援活動」に大別される。あらたな活動開始により、自衛隊の役割は「国土防衛」(直接侵略→防衛出動)と「治安維持」(間接侵略→治安出動)よりも、「周辺事態」や「アメリカの戦争」へと重心を移すことになった。それにつれて国民の目に映る自衛隊員像も、「災害派遣」のさいの〃シャベルと土のう〃より、海外における〃ライフルと防弾チョッキ〃の印象のほうが強くなっていく。

防衛庁資料(「防衛庁の省への移行――法案のポイント」)によると、「国際社会の平和に貢献するため、約二〇〇回の国際平和協力活動を実施し、約三万人の隊員を派遣」したとされる。自衛隊の隊員は二七万一六一五人(二〇〇七年度予算定員)なので、すでに一割を超す自衛官が海外に出たことになる。それらは一九九〇年代以降、「PKO協力」「テロ対処」「人道復興支援」などを名目に、「本来任務ではないが付随的任務」として自衛隊員に課せられたものである。自衛隊法第三条(改正前)にもとづかない「付随的任務」のため、約五〇の法的措置――法律制定三五、条約締結九、閣議決定八――がととのえられた。そのことごとくが、自衛隊法第一〇〇条の「雑則」と末尾の「附則」に並べられてきた。序章でみたように、それを「本来任務」にうつすことが「防衛省移行」とともになされた「自衛隊法改正」の真の目的だった。しかし、そうすると、憲法第九条や国会決議との矛盾がより歴然としてくる。だから改憲へと向かうことになる。

加速する海外活動

二〇〇七年までの「自衛隊の海外活動」の実績をざっと振りかえると、表II-1のとおりである。この表から、〝海を渡る自衛官〟のとめどない広がりが読みとれる。それは湾岸戦争後の「ペルシャ湾機雷掃海」にはじまり、「PKO協力」と「在外邦人救出」によって地ならし

表II-1　自衛隊の海外活動の実績

①自衛隊法による活動	湾岸戦争後ペルシャ湾で掃海部隊が「機雷等の除去」を実施(1991年) 在外邦人等の輸送任務．カンボジアとインドネシアでの社会不安による緊急事態にそなえ現地で待機(1994年-)
②国際緊急援助隊法	国外の災害救援に自衛隊が出動．ホンジュラス，トルコ，インドなどで8件実施(1992年-)
③ PKO協力法	国連平和維持活動に参加．カンボジア，ルワンダ，東チモールなどで9件実施．ゴラン高原(1992年-)，ネパール(2007年-)で継続中
④テロ対策特別措置法	アメリカの“対テロ戦争”協力．インド洋で実施中(2001年-)
⑤イラク復興支援特措法	イラク戦争の米・多国籍軍に参加(2003年-)，航空自衛隊が継続中
⑥ PSI(拡散に対する安全保障構想)	大量破壊兵器関連物資の洋上運搬阻止(2004年-)

を進めたのち、九七年の安保再定義＝「日米新ガイドライン」合意をバネに地域・任務を拡大させて「国際テロ対応のための活動」(インド洋)にエスカレートし、さらに「アメリカの戦争支援」(イラク)に拡大していく。国連の要請による土木部隊派遣から、アメリカの作戦に協力するイージス艦、そして普通科部隊派遣へ。〝なし崩し海外出動〟の流れが、こうして定着した。

海外任務を規定する自衛隊法「雑則」および「附則」条項のほとんどと二つの「特措法」は、「新ガイドライン」以後制定されたものである。新世紀になってはっきりと「派遣」から「派兵」へと性格が転換した。アフガニスタン攻撃支援のための海上自衛隊インド洋派遣と、イラク戦争支援の陸・空自衛隊派遣のケースは、小泉政権になって「特措法制定」というあらたな方式によって実施された。周辺事態法の成立をうながすのに「テポドン打ち上げ」や「不審船追跡」が活用されたいきさつは前にみた(五三―五六ページ参照)が、二〇〇一年に起きた「9・11事件」と二〇〇三年の「イラク戦争」は、本格的な海外指向にいっそうの拍車をかけた。

同時に、「雑則」「附則」によって布かれた海外派兵への〝下剋上〟をさか手にとって、〝九条を現実に合わせる〟改憲キャンペーンが高められ、浸透していった事実も否定できない。「憲法のほうが遅れている」という宣伝である。「憲法にそった人道支援」こそめざすべきなのに、その努力を怠り、自衛隊の海外活動合法化のほうにもっぱら目を向けさせた。陸上自衛隊部隊がイラクの地をふんだ瞬間から、憲法第九条に規定された「武力による威嚇又は武力の行使は、国際紛争を解決する手段としては、永久にこれを放棄する」および「国の交戦権は、これを認めない」という法の威信は、いっそう大きくそこなわれた。国会の「自衛隊の海外出動を為さざることに関する決議」も無効となった。そうした「法と現実の乖離」をつくり、逆利用しながら、〝現実にふさわしい憲法を〟といった世論誘導が展開されていくのである。

しかし、それでもなお公然とした派兵――「戦闘部隊の派遣」や「武力行使と一体となった活動」ができないのは、九条の規範力が利いているからだともいえる。はっきりと九条を破ることは、まだできない。それは自衛隊法「附則」によって実施されたインド洋やイラク派遣任務に、「自衛隊の任務遂行に支障を生じない限度において」「武力による威嚇又は武力の行使に当たらない範囲において」などの条件がついていることでわかる。また改正されたとはいえ同法新三条にも、「周辺事態任務」と「国際平和協力任務」にあたる場合は、おなじ拘束がかけられている。これは尾骶骨《びていこつ》なのだろうか？　そうではあるまい。もし九条がなかったら、交戦権つきの戦闘部隊が出ていたとしたら、イラクへの道は血で染まっていたことだろう。崖っぷちで懸命にふみこたえる「九条の抑止力」。かろうじてだが、いまも有効なのである。

以下しばらく〝海外への軌跡〟をたどってみよう。それにより、自衛隊が「国際貢献」というシンボルの下、日常化した戦時・戦地任務により、徐々に〝外征軍〟としての性格になじんでゆくさまを目撃できる。

ペルシャ湾への掃海艇派遣

ペルシャ湾への掃海艇派遣。それが自衛隊を訓練や親善以外の目的で海外に出動させた最初のケースだった。湾岸戦争終結後の一九九一年六月から八月まで掃海母艦と掃海艇からなる六隻の派遣部隊五一一人によって実施された。クウェート東方一〇〇キロのMDA-7および10とよばれるペルシャ湾内の航行危険海域で、沈底機雷など三四個を爆破処分した。派遣の根拠となったのは、自衛隊法第九九条。これも「雑則」条項――「海上自衛隊は、長官の命を受け、海上における機雷その他の爆発性の危険物の除去及びこれらの処理を行うものとする」による活動だ。

機雷掃海は、第二次世界大戦末期、米軍が「日本封鎖作戦」で沿岸に敷設したおびただしい機雷を処分することからはじまった。戦後復興に不可欠な海運再開のための仕事である。はじめ海上保安庁に属したが、海上自衛隊創設後、任務移管を受けた。そのころの国会では、掃海作業は日本の港湾・海峡周辺の遺棄機雷に限定され、領海外に及ぶものではない、と答弁されていた。感応機雷と浮遊機雷あわせて六九七四個が処分された。

領海限定の原則が変化するのは、湾岸戦争に先だつ「イラン・イラク戦争」時の八七年、アメリカ政府から、ペルシャ湾に敷設された機雷の除去を要請されたことによる。中曽根康弘首相は、領海外ではあるが掃海作業は海外派兵にあたるものではないと、一歩解釈を進めた。だが、このときは後藤田正晴官房長官のつよい反対にあった。

「これは武力行使そのものになる。(イランとイラク)二つの国が戦争手段としてやっている(機雷敷設)作戦を日本がぶち破るということは、これは戦争をやるということだ。それはできない。これは日本としてやれることではない。」(後藤田正晴『支える動かす──私の履歴書』日本経済新聞社、一九九一年)

後藤田官房長官の異議により、派遣は見おくられた。それでも、イラクのクウェート侵略にはじまる湾岸戦争の終結後、アメリカ側からふたたび要請を受けると、海部俊樹内閣は、停戦が成立したこと、わが国船舶の航行の安全を確保するため必要な措置であることを理由に見解をあらためた。「警察力の行使として派遣するもので、憲法の禁止する海外派兵に当たるものではない」。こうして自衛隊法「雑則」による初の海外派遣――掃海部隊の出動が実施された。

職を賭して反対する政治家は出なかった。それには、湾岸戦争のあと、クウェート政府が国際社会に向け発表した「感謝声明」に日本の名が抜けていた事情が介在している。実際は一三〇億ドルの経費を拠出しサウジアラビアにつぐ戦費提供国だったにもかかわらず、手ちがいで日本の名がおちた。それに付けこむように、政府・自民党内から「金を出すだけではだめだ。汗も、血も」という声があがった。外務省はこれを〝湾岸戦争のトラウマ〟とよんで、「国際貢献」に対して自衛隊を活用することを促進するのに最大限利用した。日本の名前がなかったことを問題にするなら、クウェート政府に抗議し訂正を求めれば済むことなのだが、外務省は単純ミスを逆用したのである。正面きって反対しづらい雰囲気ができていた。そうしたなかで「掃海部隊派遣」は実行される。

たしかに自衛隊法第九九条にもとづく機雷処分には、「領海内に限る」という地理的条件が明示されているわけではない。しかし同法第三条に規定された自衛隊の任務や国会決議に照らすと、海部内閣の決定には疑問がのこる。じっさい、六〇年代のベトナム戦争時、アメリカ政府からハノイ港の機雷封鎖作戦に協力を求められたさい、ときの佐藤栄作内閣は「自衛隊の対象とする領域ではない」ことを理由に、「派遣不可」と拒否した事実もある。これらを振りかえれば、海部首相の自衛隊法解釈は法の許容範囲を超えたもの、との指摘をまぬかれない。同時にここで、以後通例となる自衛隊法の「雑則」規定をもって本則・三条「任務」を乗りこえる〝法の下剋上〟の手法が登場した。

本来、自衛隊法第八章「雑則」にならぶ部隊派遣の例示は、「民間協力」のかたちとしてもうけられたものだ。災害後の「土木工事受託」や「札幌雪まつり」協力、国体・オリンピックなど「運動競技会」支援に自衛隊が出動できるようにすることに目的があった。本則はあくまで第三条「直接侵略及び間接侵略に対し……」にある。その基本任務にない「雑則」規定が、湾岸戦争後、自衛隊「国際貢献任務」の表看板におどりでたのである。

掃海部隊派遣で開かれた〝雑則活用〟方式は、のちの「ＰＫＯ協力法」はじめ、九〇年代以降新設された自衛隊の海外任務すべてに適用された。ことごとくが自衛隊法第八章「雑則」、第一〇〇条および「附則」にもとづく「付随的任務」として命令された。その原形が、ここでつくられたのである。国土から一万三〇〇〇キロ離れたペルシャ湾。「湾岸の夜明け作戦」と名づけられた機雷掃海。それはまた、自衛隊における海外任務の〝夜明け作戦〟でもあった。

「国連平和協力法案」から「PKO協力法」へ

「海を渡る自衛隊」の第二幕は、ペルシャ湾掃海派遣につづき、「武器を持った陸上部隊を他国の領土に派遣する」ケースとなってつくりだされた。カンボジアPKOだ。

PKOすなわち「国連平和維持活動」への参加問題が浮上したのは、カンボジア内戦に「パリ和平協定」(一九九一年一〇月)がもたらされ、国連による復興支援に向けた「国連カンボジア暫定統治機構」(UNTAC)が設立(同年)されたことによってである。この動きを受けて宮沢内閣は「国際連合平和維持活動等に対する協力に関する法律案」(PKO協力法案)を国会に提案した。これが陸上自衛隊最初の海外派遣となる。

ただし、これには〝前史〟にあたる部分がある。「湾岸危機」から「湾岸戦争」へといたる時期(一九九〇―九一年)、海部内閣が、ブッシュ政権の要請により、米・多国籍軍による対イラク戦争に後方支援部隊を参加させるため「国連平和協力法案」を提案したことである。このときの「イラク派遣法案」は全野党の反対にあい廃案に追いこまれた(一九九〇年一一月)。法案にもられた「平和協力業務」の内容――「物資協力に係る輸送その他の協力」に含まれる武器・弾薬の輸送をめぐり、それまでの政府見解とのくいちがいが問題視されたからだ。国会は法案を受けいれなかった。

従来の政府見解――外部からの侵略に対する国土防衛でない自衛隊の武力行使は憲法違反で

ある――にしたがえば、他国軍隊への海外補給協力などありえない。もし米・多国籍軍に武器・弾薬を輸送したとすると、そこで自衛隊みずから武力を行使しなくとも、多国籍軍が戦闘を行っていれば、「武力行使と一体となる」支援活動とならざるをえない。結果として武力行使にふみこんでしまうではないか。こう追及する野党質問に、政府側は、明確な説明ができなかった。政府答弁は「現に戦闘が行われている場所」または「武力行使と一体となす」武器・弾薬の輸送協力はしない。自衛隊の活動は、そこにいたらない「後方における活動」にとどまるものだとして、従来見解との整合性をたもとうとした。だが野党側は、多国籍軍の実態そのものが「武力による威嚇」であり、発動されれば「武力の行使」となる。そうである以上、〝前方・後方〟の区分や〝一体・分離〟の可分論は意味をなさず、かりに武器・弾薬をはずしたとしても、武力行使と一体にならない輸送協力などありえない、と手をゆるめなかった。

結局、国連平和協力法案は、野党すべての反対で採決できず廃案となった。しかし、ここで新たな憲法解釈に向けた小手調べが行われた。すなわち「日本が攻撃を受けていない状況と地域」における自衛隊活動についての新たな理論づけである。そうした場合、「武力行使と一体となるような協力は行えない」としつつも「ただし、実戦部隊と一体化していないとみなされる後方支援は合憲である」という解釈が打ち出された。「現に戦闘が行われている地域への輸送は行えない」といいつつ、「あらかじめ戦闘が行われないと見通される地域への後方支援は可能である」という解釈である。

こうした解釈は、「武力行使」の定義に、地域的限定ないし時間的分割をもちこむ〝仕分け合憲論〟といわれるものだが、その翌年提出された「PKO協力法」に生かされることになる。それだけでなく、九七年に決定された「新ガイドライン」(日米防衛協力のための指針)にも採り入れられ(四一―四二ページ参照)、「周辺事態法」(一九九九年)や、後述する「テロ対策特別措置法」(二〇〇一年)、「イラク特措法」に受けつがれていくことになる。憲法解釈に穿《うが》たれた〝蟻の一穴〟は、みるみる大きくなった。

海外派遣の小手調べとしてのカンボジア派遣

そこでPKO法案にもどると、法案提出にあたり、政府側は〝湾岸戦争協力法案の失敗〟をふまえて、自衛隊派遣の目的を「国連決議にもとづく平和維持活動」、任務は「復興支援業務」(道路補修と橋の架け替えなど)に限定した。それをささえる、五つの原則からなる「基本方針」がもうけられた。すなわち①紛争当事者の間で停戦の合意が成立している、②紛争当事者がPKO受け入れに同意している、③特定の立場に偏ることなく中立の立場を厳守する、④上記原則のいずれかが満たされない状況が生じた場合には、日本からの参加部隊は撤収できる、⑤武器の使用は、要員の生命等の防護のために必要な最小限のものに限られる。

以上の「五原則」にもとづく歯どめをかけたうえで、日本のPKO参加がはじまった。肩書も「自衛官」でなく「国際平和協力業務」にしたがう「国際平和協力隊員」という別の名称が与えられた。かたちのうえでは〝別組織〟である。とはいえ一方で、「組織としての自衛隊の力を活用することが最適」との理由から、自衛隊員が「従前の官職を有したまま(協力)隊員に任用され」、また「派遣の必要がなくなった場合には、自衛隊に復帰するものとする」(PKO協力法第一二条)とされた。つまり〝帽子を二つ〟にしただけで人間はおなじ。自衛隊と別組織といっても実質上は名目だけであった。

こうして一九九二年九月から一年間、第一次隊と二次隊の施設隊(工兵)を中核とする各六〇〇人がカンボジアの土をふんだ。現地情勢は、ポル・ポト派のパリ協定離脱表明により、②と③の条件維持に一時困難を生じたものの、政府は④の措置を適用せず、だから現地部隊に⑤が発動される事態にもいたらなかった。派遣部隊は道路補修を中断して、国民議会の総選挙を監視する各国監視員の安全確保と投票所の巡回にあたった。それらは活動計画にない任務だったので「道路偵察」の名目で実施された。期間中二人の死者(国連NGOボランティアの中田厚仁氏と文民警察である岡山県警の高田晴行警部補)を出したが、自衛隊員に死傷者はなかった。総選挙を円滑に行うための道路補修は予定どおり仕上げられた。しかし施設隊が持ちこんだ機材では簡易舗装しかできず、雨季がすぎた翌年にはもとの穴だらけの道にもどってしまっていた。のちにみるイラクにおける「人道復興支援」でも同様だが、自衛隊よりも専門家が任に当たったほうが、効果が上がったであろう。その点においても、自衛隊を派遣すること自体が目的だったことを物語っている。

以上みた「ペルシャ湾掃海」と「カンボジアPKO」が、自衛隊海外派遣の第一幕だった。まず航路啓開や国連協力で既成事実をつくり、ついで日米安保協力の表舞台へ。最初は公海での掃海、ついで陸上部隊による土木作業、そしてアフガニスタンとイラクにおける戦争協力へ。この手法は、つづいてみる二〇〇一年と二〇〇三年の、より本格的な部隊派遣に発展してゆき、さらに公然とした〝海外派兵〟の色彩をもつものとなった。

テロ特措法とインド洋派遣

二〇〇一年初秋のニューヨークで起きた9・11事件は、マンハッタンのツイン・タワービルばかりでなく、憲法第九条をも直撃することになった。事件後アメリカが発動した軍事行動を機に、自衛隊の海外活動は、〝戦時・戦地〟へと踏みこんだのである。

ブッシュ政権が、アフガニスタン・タリバン政権に対して「テロリストをかくまっている」として攻撃予告すると、小泉純一郎首相はただちに支持表明し、米・多国籍軍に後方支援を行うことが目的の、「テロ対策特別措置法」(一〇月五日閣議決定、一一月二日公布・施行)を立法した。

おなじアメリカの地域戦争でも、朝鮮戦争やベトナム戦争のときには考えられなかった協力のかたちが現実のものとなったのである。ブッシュ大統領の「敵か味方か！」と、二者択一をせまった演説(一二一ページ参照)、またアーミテージ国務副長官がワシントン駐在日本大使に放った“Show the flag”(日の丸を見せろ！)発言、さらに「(問題は、自衛隊が)アメリカとともにあるかということだ。五〇％、六〇％という目盛りはない」という命令口調の檄。これらに背中をどやされたかのように、小泉内閣(自民、公明、保守の連立政権)は、自衛隊派遣に踏みきった。小泉首相は、九月一九日、「米国における同時多発テロへの対応に関する我が国の措置」という三党合意を発表し、

「我が国の断固たる決意を内外に明示し得る具体的かつ効果的な措置をとり、これを迅速かつ総合的に展開していく」と述べ、まだ米軍の攻撃がはじまらない段階から、

「本件テロに関連して措置を取る米軍等に対して医療、輸送、補給等の支援活動を実施する目的で、自衛隊を派遣するための所要の措置を早急に講ずる」と、戦争是認と受けとられる協力方針を表明した。発表の冒頭に憲法前文が引用された。

「日本としても、憲法の前文にありますとおり、国際社会において、名誉ある地位を占めたいと謳っております。同時に憲法九条、国際紛争を解決する手段として、武力の行使を放棄するという点も重視しながら、武力行使と一体とならない支援は何かということを考えまして、

出来る限りの支援協力体制を、米国始め関係諸国と協力しながら考えていきたいと思います。」

憲法前文を第九条より先にあげている点が注目される。前文が、このような文脈で引用されたのは、はじめてである。首相はまた、「われらは、いづれの国家も、自国のことのみに専念して他国を無視してはならないのであつて……」のくだりも引いた。だが、おなじ前文、それも第一段落に書かれた「日本国民は（中略）政府の行為によつて再び戦争の惨禍が起ることのないやうにすることを決意し……」の部分は都合よく無視された。

はっきりしているのは、首相の考える「国際社会における名誉ある地位」とは、「テロとの終わりなき戦い」にこぶしを振りあげるブッシュ政権に軍事的支援を行うということである。爆撃の的にされたひとびと、9・11テロとはなんの関係のないアフガニスタンに住む非戦闘員は視野にはいっていない。フランスやドイツがアメリカ政府にただしたのは、この点であった。しかし、小泉首相の念頭には、「名誉ある地位」が自衛隊派遣でない別の方法でもありうるのではないか、という発想は浮かんでいない。

このように憲法を自説に都合よく引用しながら「テロ対策特別措置法」は国会に上程された。「特措法」成立を受け、インド洋に派遣された自衛隊の補給艦はアフガニスタン全土を爆撃する米空母や艦載機への燃料補給任務につく。二年間の時限法は三度にわたり延長され、〝恒久法〟の性格を帯びる。ここにおいて自衛隊の海外活動は、それまでとまったく異なる次元に入ったといえる。この間、インド洋における海自補給活動により米軍に無償で供給された燃料は二〇〇七年五月一七日現在で艦船用四八万キロリットル(約二二四億円)、艦船搭載ヘリコプター用燃料約九〇〇キロリットル(約五一五〇万円)にのぼった(もちろん、国民の税金である)。

小泉首相の憲法観

ことのついでに、小泉首相の憲法観を、もう少しみておくと——、

「(9・11事件のあと)安全なところはなくなった。自衛隊は危険なところに出しちゃいかんでは話にならない。危険が伴っても自衛隊に貢献してもらう。日本の持てる力をどう活用できるか。出し惜しみはしない。この問題は、集団的自衛権とは別の問題だ。」(ワシントンでの記者懇談、二〇〇一年九月二四日)

「(武器使用基準)そこは常識でやりましょう。ある程度、現場の指揮官に判断で出来るのではないか。遠くにいる人に機関銃使えだの、拳銃使えだの言えない。臨機応変というのがあるでしょう。」(衆議院テロ対策特別委員会、二〇〇一年一〇月一二日)

「わが国は、従来から一貫して、適切な規模の防衛力と日米安保体制の堅持を国防の二本柱としてまいりました。わが国の安全と繁栄を確保するためには、これらの二本柱に加え、国際協調が不可欠であります。(9・11事件以降)わが国は、インド洋方面に艦船を派遣して支援業

務に当たるなど、テロ防止のために世界とともに闘っています。テロとの闘いは、国民の安全を確保するためのわが国自身の問題として、今後とも、憲法の下で、主体的な取り組みを続ける必要があります。」(防衛大卒業式での訓示、二〇〇二年三月二四日)

国会答弁でも「憲法前文と九条にはすき間がある」とか「常識的に自衛隊に戦力があると考えるのは、一般国民の考えだ」と述べている。これほど自由奔放に、また公式見解を飛びこえて「憲法と戦争」を語った総理大臣はいない。

自民党幹事長も「海外派兵」と認識

インド洋での支援活動がつづく二〇〇三年三月二八日、次の記事が『朝日新聞』に掲載された。一段見出し、ベタ扱いである。

「山崎拓自民党幹事長は二七日、テロ対策特措法に基づき、アフガニスタンの米軍支援のため自衛隊を派遣していることについて、「画期的前進だった。それまで海外派兵は認めたことはなかったが、あれは戦時下だから、海外派兵の範疇に入る初めてのケースだ」と述べ、海外派兵にあたるとの認識を示した。党本部で記者団に語った。」

ここに明らかなとおり、自民党幹事長は、インド洋派遣を「海外派兵」と受けとめた。そのうえで容認したのである。そこでは「集団的自衛権行使は、憲法上禁止されている」とする政府見解さえ公然と踏み破られている。

もう一度たしかめておこう。集団的自衛権についての政府統一見解(確定解釈)は、「自国と密接な関係にある外国に対する攻撃を、自国が直接攻撃されていないにもかかわらず、実力を持って阻止すること」とされる。そして、「わが国は国際法上いわゆる集団的自衛権を有しているとしても、国権の発動としてこれを行使することは、憲法の容認する自衛の措置の限界を超えるものであって、許されない」というものである。

「武力行使」が認められる唯一のケースは個別的自衛権の発動、すなわち日本に対する直接攻撃に反撃する場合(自衛隊法第八八条「防衛出動時の武力行使」)に限られる、歴代政府はそのように説明してきた。

この解釈に従うなら、「テロ対策特別措置法」にもとづく自衛隊の派遣は、いかなる見地からしても正当化しえない。そこは「国土」はおろか「新ガイドライン」にいう「周辺地域」よりさらに離れた「作戦海域」である。しかも現実の戦闘が行われている「戦時」というハードルもある。むろん「日本に対する直接攻撃」があったわけでもない。政府は、みずからの説明限界をはみ出す憲法違反に手を染めた。自民党幹事長の「海外派兵の範疇に入る初めてのケース」という発言こそ、まさしくインド洋派遣の本質を言い当てたものであった。

薄れる国会の関与

それとともに、無視できないもう一つの点に、自衛隊派遣に関する「国会の関与」が大幅に後退したことがあげられる。「防衛出動」や「周辺事態に対する出動」の場合にさえ国会の事前承認(自衛隊法第七六条、周辺事態法第五条)が必要要件とされていた。しかし「テロ対策特別措置法」では、「基本計画に定められた対応措置を開始した日から二〇日以内に国会の承認を求めなければならない」と、事実上、事後承認で済むようになった。そのうえいったん承認されると、その後の「基本計画の変更」や、また「対応措置」をいつ終了させるかなどについては「国会への報告」(テロ特措法第一一条)で済む。

小泉首相は、この法律自体二年間の時限立法であるので、法案の国会審議そのものが事前承認的な意味をもっている。「突き詰めて言えば、政府を信頼するしかない」と突っぱねた。しかし法案には「必要があると認められるに至ったときは、その効力を延長することができる」(附則4)という条項もある。延長をかさねて実質的に恒久法との差異をなくすこともできる。じっさい、テロ特措法は三度延長され、二〇〇七年現在、七年目の活動を継続している。

三週間六〇時間の審議が終わると「憲法と自衛隊」の関係は、また大転換していた。

逸脱は、派遣先でもつづく。「テロ対処後方支援=アフガニスタン報復攻撃支援」についていたはずの海自補給艦が、法の目的と範囲からはずれた任務を行った。その後はじまった「イラク戦争」(二〇〇三年―)に出撃中の米空母と艦艇に、インド洋で洋上給油を実施したのである。これについて石破茂防衛庁長官は、「(米艦がアフガニスタン攻撃とイラク戦争という)複数の任務を同時に受けていることはある」ので、給油しても違法でない(参議院外交防衛委員会、二〇〇三年五月一五日)と、「テロ特措法」では認められていないイラク戦争支援活動まで、インド洋派遣部隊の任務に含まれているかのように答弁した。現場の必要が法の規定より優先されたのである。カンボジアPKOのさいにも、土木工事に派遣された部隊が「道路偵察」名目でパトロールを行ったことがあった。「現場の論理」は、いつしか「法の無視」に変わる。それは一歩の距離でしかない。石破答弁は文民統制の危うさを、みずから打ちあけている。

山崎見解、石破答弁で示された政治家発言の「しまりのなさ」。それが照らしだすのは、憲法と現実のずれが、国内のみならず、はるか派遣先の現地でも、〝現実に合わせるため〟拡大・再生産されている、ゆゆしい事実だろう。それはひとり憲法解釈の問題にとどまらない。米軍による爆撃の最初の一年半のあいだだけで――それは自衛隊の補給活動が最高潮に達した時期でもあるが――、アフガニスタンの子どもなど住民の死者が三四〇〇―四〇〇〇人にのぼった(9・11事件の死亡者は約二八〇〇人)。このいたましい数字は、そのまま日本の国家イメージにも跳ねかえってくると自覚しておかねばならない。

2　戦地に派遣された自衛隊——イラクで何をしてきたか

イラク派遣へ

二〇〇六年七月、イラク南部サマワで「人道復興支援活動」にあたっていた陸上自衛隊イラク派遣部隊六〇〇人は、隣国クウェートの米軍ウェストバージニア基地に移動、二五日までに帰国を終えた。二〇〇四年一月の活動開始から二年半後の任務完了だった。三カ月交代で一〇次隊、のべ約六〇〇〇人の隊員が中東の地に赴いた。自衛隊にとって発足以来、最大規模の海外体験である。また、戦闘が実質的に継続している外国に派遣されたのもはじめてだった。

幸い、自衛隊員が「殺す・殺される」事態に直面することはなかった。とはいえ、自衛隊宿営地に向けた攻撃は続発し、迫撃砲、ロケット砲による一三回の攻撃を受けた。うち一回は宿営地の倉庫を貫通する至近弾だった。二〇〇五年六月には、サマワ市中を走行中の車列に遠隔操作によるとみられる路肩爆弾がしかけられ、一両が被弾損傷するケースも発生した。宿営地外の活動は長期間、停止状態におちいった。これらの事実は、イラク特措法に規定された「現に戦闘行為が行われておらず、かつ、そこで実施される活動の期間を通じて戦闘行為が行われることがないと認められる」という環境、そして小泉首相が派遣にあたり、「自衛隊の活動する地域は非戦闘地域でなければならないし、現に非戦闘地域である」という保障が、まぼろしにすぎなかったことを白日にさらした。武装した軍隊が敵対勢力から攻撃されるのは必然のことである。発砲なし、死傷者ゼロは、僥倖《ぎょうこう》であったのかもしれない（ただし、原因は特定できないが、イラク派遣隊の警備中隊長ら五人が帰国後、自殺している）。

イラク派権の経過を振りかえってみる。

アメリカのイラク戦争は二〇〇三年三月二〇日に開始された。サダム・フセイン政権がひそかに大量破壊兵器（核・生物・化学兵器）を隠し持っていること、国際テロ組織アル・カイーダとつながりがあること。だから核拡散と国際テロのネットワークを根絶しなければならない、これらが開戦の理由だった（のちに、どちらもＣＩＡやチェイニー副大統領周辺からなされた情報操作によるもので事実無根だったことが判明する）。ブッシュ共和党政権は、国連決議を待ついとまもなく〝劇場型軍事行動〟の場にふみこんだ。首都バグダッド空襲から四三日たった五月一日、ブッシュ大統領は原子力空母の艦上に降り立ち、「イラクにおける主要な戦闘を終了した。われわれは勝利した」と宣言した。

この期間の戦死者は一四〇人、負傷者五三一人だった。すべてがうまくいったようにみえた。〝新しい戦争〟、〝ＲＭＡによる勝利〟（ラムズフェルド国防長官のとなえる「軍事における革命」）、ハイテク兵器が示した〝衝撃と畏怖〟作戦……といった見出しがメディアにあふれた。得意の絶頂にあったこのとき、それから四年以上経っても戦争は終わらず、死傷者は三万人ちかくにせまり、みずからの支持率が三〇％台まで低下するなど、大統領自身、想像もしていなかっただろう。勝利宣言のあと、ブッシュ政権はさっそくイラク占領統治のための「連合国暫定施政当局」（CPA）創設を発表し、国際社会に復興支援への参加を呼びかけた。

9・11事件直後、日本大使に"Show the flag"と、自衛隊派遣を迫ったアーミテージ国務副長官は、今回も、「（湾岸戦争では）（イラク戦争では）日本は巨額のカネを出したが、スタンドで試合を観戦しているようなものだった。（イラク戦争では）日本がスタンドから飛び出して、フィールドで試合をすることを望んでいる」とハッパをかけた。今回は"boots on the ground"（軍靴を戦場に）発言だった。しかし勝利宣言にもかかわらず、現地では抵抗が激化していた。

アメリカの要請に応えて、小泉内閣は陸自部隊の派遣を決定した。こうしてアフガニスタン攻撃支援につづく二度目の「アメリカの地域戦争」に対する協力が動き出す。二〇〇三年七月二六日「イラク人道復興支援特別措置法」が成立した。首相は、あらたに手にいれた時限立法（期限四年間）にもとづき、旧イラク共和国に陸上自衛隊部隊の派遣を骨子とする「イラク人道復興支援実施基本計画」（二〇〇三年一二月九日、閣議決定）および「同実施要項」（同年一二月一八日）の実施を防衛庁長官に指示した。部隊派遣の準備がはじまる。

二〇〇四年一月二六日、「陸上自衛隊第一次イラク人道復興支援派遣群」五三〇人に対し派遣命令が出された。同年二月、イラク・ムサンナ県サマワ市につくられた「陸自サマワ宿営地」で復興支援活動が開始された。相前後して、クウェートを拠点にした航空自衛隊の輸送支援活動、および日本との物資輸送にあたる海上自衛隊の活動も始動した。

この期間、二〇〇四年六月二八日、「イラク暫定政府」が発足し、それまでの「連合国暫定施政当局」は同日をもって解散した。それにともない、派遣自衛隊の任務は、新発足した「イラク暫定政府」への支援に切りかえられた。実施区域の名称を「バグダッドの連合軍司令部施設」から「バグダッドの多国籍軍の司令部施設」へと変更する「特措法改正施行令」および「実施要項の一部修正」も行われた（同日の持ち回り閣議）。これにより自衛隊の地位と活動に関する国際法上の根拠は、米軍主導になる「多国籍軍の一員」にかわる。二〇〇四年一二月九日には、活動期間を一年間延長するための「基本計画」の変更もなされた（同日の臨時閣議で決定）。以後、二〇〇六年の陸上部隊の任務完了まで、二度、基本計画の期限延長がはかられた。自衛隊法における「イラク人道復興支援活動」の位置づけは、第八章「雑則」の、さらにあとにくわえられた「附則」に記載された。一般的に「附則」とは、法令の経過規定や施行期限など細目を規定するところである。そこに「イラク派遣任務」が書きこまれた。防衛庁はこれを「付随的任務」とよんだが、法的には前に見たとおり（八一ページ参照）、「札幌雪まつり」支援とおなじ〝サービス業務〟にほかならなかった。それが二〇〇六年七月までつづいたのである。二〇〇七年一月、改正自衛隊法の下、「本来任務」に据えられた。六月、「イラク特措法」は、さらに二年延長された。

自国中心主義の論理

アフガニスタン攻撃のときとおなじく、小泉内閣は、すでにアメリカの攻撃が開始される前から、新規立法によるアメリカ支援の方針を固めていた。インド洋とちがい今回は地上部隊の派遣である。国連決議にもとづく平和維持活動ではないので「PKO協力法」は適用できない。そこでイラク支援のための特別措置法制定が、早い段階から検討されていた。なぜ、そこまでアメリカの軍事行動を支持するのか。首相は、開戦前の国会質疑で次のように理由を説明している(参議院予算委員会、二〇〇三年三月五日)。

「私は、アメリカの方針に正当性があるから支持したのであって、危険な大量破壊兵器を危険な独裁者が持った場合に、どのような危険な状況に直面するか。大量破壊兵器廃棄、これはもう国際社会が一致結束してイラクに求めていることであります。

同時に、日米同盟、日本が攻撃された場合、アメリカは、アメリカへの攻撃とみなすといって、今、日米安保条約を締結している。だから、日本を攻撃しようとする意図を持つ国は、アメリカと戦う覚悟がなしに攻撃はできない。それが大きな抑止力になっている。

これを総合的に考えて、アメリカを支持することは日本の国家利益にかなう。支持することが国家利益にかなうから支持しているんですよ。」

後段に注目しよう。小泉首相は、やがてはじまろうとするイラク戦争支援に自衛隊を派遣する理由に、あからさまな表現で「日本の国家利益」をあげた。日本を守ってもらうためにはアメリカの戦争に協力しておく必要がある、という〝国益論〟によってである。日米関係が、このような率直な表現、というより露骨な利害の言葉で語られたことはかつてない。首相の頭に「テポドンの脅威」がかすめたのかもしれない。それにしても、他国民の不幸と犠牲には目もくれず、「アメリカの抑止力」に「日本の安全」を直結させ、「だから(イラク戦争を)支持しているんですよ」と公言してはばからない姿勢は、あまりに自国中心にすぎる。

北朝鮮の核脅威は現実のものではなく、不定の未来、可能性の領域にある。朝鮮半島の非核化をめざす交渉の呼びかけが進行中だったし日本も加わっていた。また、アメリカの「軍事抑止力」にたよらずに、独自の外交努力——日朝国交正常化で韓国に対してと同様に植民地支配への「謝罪と補償」によって、少なくとも日韓・日中関係と同程度の摩擦まで緊張レベルを引き下げることもできる。加えて首相の論法は、アフガニスタン攻撃支援のさい、憲法前文の「われらは、いづれの国家も、自国のことのみに専念して他国を無視してはならない……」の一節を引いたときと比べても、さらに矛盾する。まさしく「自国のことのみに専念して」いると告白したも同然だからだ。イラク戦争による民間人の死者が、約六万人(NGO「イラク・ボディ・カウント」二〇〇七年六月時点)にのぼっていることを思えば、小泉首相の「国益論」が、国際社会やイラク国民から〝一国エゴイズム〟だと非難されてもしかたない。

アメリカに抗するヨーロッパ諸国

これに反し、ヨーロッパ諸国、とりわけフランスとドイツは、日本と対照的な対応をした。両国はこの戦争に「大義はない」として対イラク開戦に反対した。派兵要請にも応じなかった。ブッシュ政権は、サダム・フセイン体制打倒の武力行使を、国連安全保障理事会の決議にもとづく「国連による軍事的措置」にしようと工作した。だが、フランス・ドイツ二カ国の強い姿勢を崩せず、「国連の力の行使」である武力制裁決議の採択はならなかった。ここで「単独行動主義」と「共通の安全保障」路線のちがいが、くっきり浮かびあがった。フランス・ドイツ両国は、武力行使より先になすべきことがまだ残されている。大量破壊兵器を探し出すための査察活動継続こそ必要だと主張したのである。

フランスのドビルパン外相は国連で次のように演説した。

「われわれの確信は二点。査察こそイラクの効果的な武装解除をもたらしうること、人々と地域の安定を危機にさらす武力行使は最後の手段ということだ。たしかに戦争は最速の選択肢に思える。だが、勝利しても、そのあとは平和の構築が必要だ。早まった武力行使は、新たな争いに道を開きかねない。むしろ軍事介入こそ、テロを醸成する社会や文化の対立を悪化させかねない。これは、戦争と占領と蛮行を経験した欧州の「古い国」フランスからのメッセージである。」(国連安保理、二〇〇三年二月一五日)

ドビルバン演説は、武力行使に同調しないフランスなどを「古い欧州」とあざ笑ったラムズフェルド国防長官に対する正面きった反論であった。このスピーチは、国連加盟国に深い感動を与えた。アメリカが求めた制裁決議不採択を決定づけた演説といわれている。ドイツのフィッシャー外相もおなじ立場から武力制裁に反対した。

「わが国はフランスの提案を強く支持する。平和的手段による、可能な限りの解決を目指そう。軍事的行動は地域の安定を危険にさらし、破滅的な結果をもたらす。自動的に軍事力の行使をしてはならない。外交努力の道はまだ残っている。」

フィッシャー外相は、この演説の前、ラムズフェルド国防長官に、「申し訳ないが、私には納得がいかない。納得がいかないものを国民に説明することは出来ない」と直言したという(『毎日新聞』二〇〇三年二月一五日付)。

小泉首相の〝安保国益論〟とはまったくちがう世界観がそこにみえる。

このような経過で、国連憲章にもとづくイラク武力制裁という事態ははばまれた。だが、ア

表Ⅱ-2　自衛隊のイラク派遣に関する経費(執行額)　(単位：億円)

年度	2003	2004		2005		2006		合計
	予備費	予算	予備費	予算	予備費	予算	予備費	
防衛本庁	113	129	52	107	45	96	3	545
武器車両等購入費	70	10	14	2	13	0.2	0.1	110
装備品等整備諸費	56	45	27	39	20	25	2	213
合計	239	184	93	148	79	121	5	868

出典：防衛庁資料　(2007年2月時点の概算)

メリカは「有志国連合」による開戦に踏みきる。日本はそれに追随した。小泉首相は、さきのアフガニスタン攻撃支援のさい、「憲法の前文にありますとおり、国際社会において、名誉ある地位を得たいと謳っております」と、アメリカへの同調に胸を張った。だが、イラク戦争で憲法前文の精神を国際社会で実践したのは、日本でなくフランスとドイツのほうだった。

「人道復興支援」の実態

では、イラク派遣自衛隊は、イラクで何をしてきたのか、その活動は復興援助と人道支援に、どれほど役立ったのだろうか。国会に提出された防衛庁資料によれば、「自衛隊のイラク派遣に関する経費」は表Ⅱ-2のとおりである。

四年間の予算を合計すると八六八億円(隊員の本給は除く)にのぼる。このうち、いったいどれだけがイラク社会の復興にあてられたのか。防衛省は詳細な内訳をあきらかにしないので正確な全容をつかむことはできない。ただ、二〇〇六年三月末時点で総経費中、派遣隊員の手当(一日二万円)が一一一億円、営舎費六三億円、器材購入費一〇九億円、運搬費一一七億円、通信維持費六二億円、車両修理費一八億円とされる。これだけで四八一億円になる。二〇〇五年度までの経費(七四三億円)でみても、じつに六〇％以上が、隊員の手当や生活費など〝駐留経費〟に消えたとわかる。住民のための復興援助が目的なら、もっと効率のよい方法があったはずである。具体的に援助の一部を点検してみる。

活動初期の段階で、現地の需要は次のように報告されていた(衆議院・井上和雄議員提出の質問主意書に対する政府答弁書、二〇〇四年年七月一日)。

- ムサンナー県教育局によれば、同県には約三五〇校の学校が存在し、その過半について、復旧・整備が必要であるとのことである。
- ムサンナー県教育局によれば、同県サマーワ市には約一四〇校の学校が存在し、その過半について、復旧・整備が必要であるということである。
- 第一次イラク復興支援群が学校等の公共施設の復旧・整備に係る活動を実施した学校は、ムサンナー県ダラージ村のオローバ中学校及び同県ヒラール村のアルヘデフ小学校の二校である。

これに対し任務終了時点での完了実績(『毎日新聞』二〇〇六年八月七日付夕刊)をみると、学校(三六カ所)、道路、橋(三一カ所)、医療施設(三〇カ所)、給水施設(一四カ所)、文化施設(一二カ所)となっている。政府答弁書では、ムサンナ県には約三五〇校、サマワ市には約一四〇校の学校が存在し、「その過半について、復旧・整備が必要である」とされていた。学校の復旧・整備だけ取りあげても、実績は必要の半分にもみたなかった計算になる。二年半、六〇〇〇人、七四三億円でこの程度なのか、とだれもが感じるだろう。

活動内容に関して、隊員の証言がある。

「補修校が決定されたら工事が始まるわけですが、補修工事は陸上自衛隊によってなされるのではなく、現地の業者に委託します。工事開始から終了までを担う監督は、陸上自衛官ではなく雇ったイラク人エンジニアによってなされます。とは言いつつも、工事の監督をまったくイラク人に任せ切りというわけにもいかないので、一、二週間に一回はわれわれも現場に足を運びます。」(「イラクでの任務を終えて」『朝雲』二〇〇五年九月一五日付、二陸尉村智勝治)

このような仕事なら、専門業者にまかせたほうがいいのでは、という疑問が浮かぶ。これはカンボジアPKO以来つづく疑問である。政府は一貫して「サマワは非戦闘地域である」と強調していたのだから、敵対勢力を刺激する〝迷彩服とライフル〟でなければ、もっと実効的な人道復興支援活動ができたかもしれない。

給水活動についても、初期の実績であるが、次の数字が残されている。

「第一次イラク復興支援群にあっては、給水に係る活動を終了した平成一六(二〇〇四)年五月二六日までの間、合計八八三〇トンの水を浄水した。このうち、約四三四〇トンについては無償資金協力によってムサンナー県水道局に供与された給水車等に対して供給し、約四二〇トンについてはオランダ軍に対して供給し、及び残余の約四〇七〇トンについては自家使用したところである。」(前掲、答弁書)

ここでも、〝自家使用〟という自衛隊消費分が二分の一ちかくを占めているのだ。

メディア規制の強化

「戦争による最初の犠牲者は、真実である」という言葉がある。軍事機密を名分にした〝真実かくし〟が、必ずつきまとうからだ。イラク派兵は、自衛隊とメディアの関係、国民の知る権利にも影をおとした。日本国内では陸自・情報保全隊による「イラク自衛隊派遣に対する国内勢力の動向」調査と称する「情報収集活動」が行われているさなか(一三ページ参照)、イラクの現地では、自由な取材がさえぎられ、検閲を思わせる報道規制が行われた。

以下は、イラクへの部隊派遣がはじまる直前の二〇〇四年一月二六日、防衛庁内局広報課が防衛記者会に提示した「イラク等派遣部隊の取材について」という文書に付された「注意事項」である。そこには「記者及び隊員の生命及び安全に関する観点から取材場所、公表期日、通信手段などの制限をすることがある」と書かれ、次の制約・自粛項目が列挙されていた⑨、

⑩はのちに陸幕広報室が追加した項目)。①部隊、装備品、補給品等の数量、②部隊、活動地域の位置、③部隊の将来の行動に関わる情報、④部隊の行動基準、部隊の防護手段、警戒態勢に関わる情報、⑤部隊の情報収集手段、情報収集態勢に関わる情報、⑥部隊の情報収集等によりえられた警戒関連情報、⑦他国軍等の情報(当該他国軍等の許可がある場合を除く)、⑧その他の隊員の生命及び安全に関すること、⑨地元住民・部族等との信頼関係を損ねるおそれのある情報、⑩その他、部隊などが定める内容に関する情報。まさに制限と干渉、〝べからず〟のカタログである。

イラク特措法にもとづく自衛隊の部隊行動の主目的は、法律どおりなら「人道復興支援」にあり、「記者及び隊員の生命及び安全」にかかわる戦闘行為や武力行使ではない。また、日本には「軍事機密」など本来的に存在しないはずだ。憲法第二一条には「集会・結社・表現の自由、検閲の禁止、通信の秘密」がうたわれ、「検閲はこれをしてはならない。通信の秘密は、これを侵してはならない」と定めている。防衛庁も憲法遵守の義務を負う。にもかかわらず、今回の自衛隊活動は、右のような条件のもとで行われたのである。

現地取材した防衛記者会所属の東京新聞の半田滋《はんだしげる》記者が書いた『闘えない自衛隊——肥大化する自衛隊の苦悶』(講談社+α新書、二〇〇五年)によると、

「サマワからの情報は、陸幕広報室から記者に電子メールを通じて連日の活動内容が箇条書

きで送られてくる。デジカメ映像が添付されることもある。だが、配信する内容を選ぶのは陸幕側である。二〇〇四年一〇月八日、サマワ市内で陸自が造った日本庭園に置くような灯籠型のモニュメントが爆破されたが、爆破後の映像は陸幕からは発信されなかった」

と、情報が自衛隊側にコントロールされている事実が報告されている。

「残念なのは、こうした(自衛隊の)姿を実際に取材し、紹介できないことである。日本人誘拐事件をきっかけに二〇〇四年四月、サマワ宿営地から企業ジャーナリストが消え、フリージャーナリストもほとんど取材に訪れなくなった。

二〇〇五年四月、防衛庁が防衛記者会を対象にサマワ宿営地二泊三日の取材ツアーを企画したが、直前になって防衛庁からキャンセルが通告された。」

隠される活動の実態

カンボジアPKOやルワンダ難民救援活動のさい、自衛隊宿営地は原則として報道関係者に開放されていた。メディアの自己責任においてアクセスは自由だった。宿営地の近くに取材拠点が設けられ、記者会見も毎日、定時に行われていた。ところが、イラクの自衛隊活動では、高い情報規制の壁が設けられ、情報を受ける権利、真実を知る手段に目かくしした。入国申請してもイラク政府がビザを発給しない。日本外務省の要請によるものといわれた。かつての

「大本営発表」の再現を思わせる事実上の検閲が幅をきかせはじめたのである。

アメリカ当局は戦争取材にあたり、メディア要員を部隊に〝埋め込む〟ことにより、報道内容を統制した。批判はあったが、現場に行くことはできた。これに対して防衛庁は、ジャーナリストを現場から排除するやり方で国民を情報から隔離したのである(二〇〇七年現在も、イラクにはNHKバグダッド支局があるだけだ)。

情報の不在は、陸上自衛隊が撤収したあと、なおもイラクで空輸任務に従事している航空自衛隊の活動に、もっとよくあらわれている。派遣された三機のC-130輸送機と隊員二〇〇人の任務は、陸自が行う「人道復興支援の支援」だとされていた。ところが陸自が引き揚げたあとも米軍の要請に応え、活動範囲を以前より拡大して毎週四往復の輸送任務についている。この活動を継続させるため、「イラク特措法」は二〇〇七年、期限延長(さらに二年間)がなされた。

航空自衛隊の輸送活動について、東京新聞の半田記者は次のように書いている。

「防衛庁に空輸物資の開示を求めたところ、公表されたのは二〇〇四年三月三日に顕微鏡、心電図など医療機器を空輸した一件だけだった。これは最初の空輸として報道陣に公表したもので、この空輸を除く四二〇回の空輸実績については内容を公表していない。

イラク特措法は戦闘地域での活動を認めていないが、混乱する一方のバグダッド情勢について、防衛庁は「飛行ルートと空港は非戦闘地域」(守屋武昌事務次官)との見解を示す。だが、空自のC-130輸送機は携帯ミサイルの脅威から逃れるため、火炎の「フレアー」をまき散らしながら離着陸している。」(「記事と解説」『東京新聞』二〇〇六年一二月六日付)

また「自衛隊イラク派兵禁止訴訟」の弁護団が情報公開法にもとづき開示請求した「週間空輸実績」(二〇〇六年七月一七日―一一月二二日)によると、この期間五十数回の空輸が行われたことは確認できたが、開示されたのは国連関係の三件のみで、あとはすべて黒く塗りつぶされていた(『しんぶん赤旗』二〇〇七年一月二二日付)。非開示部分が米軍の人員・物資輸送だったことはほぼまちがいない。さらに、防衛省の山崎信之運用企画局長が共産党の赤嶺政賢《あかみねせいけん》議員に答えたところによると(衆議院イラク特別委員会、二〇〇七年四月二七日)、二〇〇七年一―三月の輸送実績は二一トン。このうち国連支援分は一・四トンである。つまり九三%までが米・多国籍軍向けとなる。ということは、空自の輸送活動が米軍作戦と「一体化」したものとみなすほかない。

『朝雲』は二〇〇七年五月一七日付紙面で、「クウェートの空自輸送隊/任務運航五〇〇を達成/隊司令「〝完全試合〟を貫こう」」と伝えた。だが、バグダッド空港近くでは、二〇〇五年一月、イギリス軍のC-130輸送機が撃墜され乗員一〇人が死亡した事実もある。ある日突然、「空自機撃墜」のニュースに接しない保証はない。正確な情報を知らされていない日本人に、その衝撃が「予測されたこと」として受けとめられるだろうか。アメリカの軍事作戦が、テロ

表II-3　海外任務時に持ち込んだ武器の変遷

カンボジアPKO（1992-93年）	拳銃（指揮官用），小銃（員数分）
モザンビークPKO（1993-95年）	拳銃，小銃
ルワンダ難民救援活動（1994年）	拳銃，小銃，7.62mm機関銃1丁
東チモールPKO（2002-2004年）	拳銃，小銃，7.62mm機関銃10丁
イラク復興支援（陸自，2003-2006年）	拳銃，小銃，機関銃，無反動砲，個人携帯対戦車弾及び活動の実施に必要なその他の装備（種類・数量制限なし）

を鎮圧するどころかイラク国民にあらたな反米感情と憎しみと内部対立を掻きたて、テロを増幅拡大させている近況は広く報道されている。その一部は、当然ながら「派兵国」となった日本も引き受けなければならない。日本に対する「負のイメージ」――国際社会における地位失墜、中東全体に拡散しつつある対日感情の悪化というマイナスを差し引いても、「アメリカを支持することは日本の国家利益にかなう」と広言できるだろうか。

最後に、派遣自衛隊が現地に持ち込んだ武器を、過去の海外任務と比べながらみておこう（表II－3）。ここにも時代の流れ――「戦うように訓練し、訓練したように戦う」へと進んでいく自衛隊の方向が、はっきりと映しだされている。

護身用・個人装備・小火器限定から、部隊警備のための重火器・装輪装甲車へ、機関銃一丁から一〇丁、そしてついには戦闘用装備、それも数量無制限まで。〝武器の論理〟もエスカレートしている。もし、「集団的自衛権行使」に容認の道が開かれれば、次に出るのは、もう戦車と戦闘機しかない。

第 III 章

戦う軍隊へ

── 捨て去られる「専守防衛」──

上：共同訓練で米軍の空母キティーホーク(右端)と並走する海上自衛隊の護衛艦「はるな」(左端)(1999 年 4 月 29 日)
下：テロを念頭に建物突入の日米共同訓練を行う陸上自衛隊員(岩手駐屯地，2004 年 11 月 7 日)(ともに写真提供＝共同通信社)

1　戦う軍隊への改編

陸・海・空自の「統合運用」

『朝雲』は、「二〇〇六　防衛一〇大ニュース」を次のように選んだ。一位：防衛省移行法案が成立、二位：イラク復興支援の陸自撤収、空自は任務継続、三位：陸海空統合運用体制スタート、四位：在日米軍再編で日米最終合意、五位：談合事案で施設庁解体決まる、六位：BMD（弾道ミサイル防衛）日米共同開発に移行、配備前倒しへ、七位：北朝鮮がミサイル発射、地下核実験発表、八位：防衛庁大幅改編、地方協力本部など始動、九位：私有PCから情報流出相次ぐ、官品緊急調達、一〇位：ジャワ島中部地震で自衛隊国緊隊を派遣。

ここにも、防衛庁から防衛省へ、PKOからイラク戦場へ、というように自衛隊が、ふつうの軍隊へとちかづき、活動内容も海をこえて拡大していくさまを読みとれる。四位までを〝ニュー・モデル自衛隊〟、安倍首相の表現にならえば「戦後レジームからの脱却」関連で占めている現実が映しだされる。外へ向けてだけではない。ニュー・モデルへの転換は、部隊内部に対しても、組織・編成・訓練などに波及せずにはおかない。それは、第Ⅰ章2でみた「新ガイドライン」―「周辺事態法」に位置づけられた「安保再定義」の枠組みを、自衛隊の筋肉と血液にうつしこむ作業である。同時に、あたらしく共通目標として設定された「日米同盟：未来のための変革・再編」すなわち在日米軍再編で方向づけられた路線に、神経系と運動能力を与える自衛隊の新体制づくりでもある。日米安保協力に従来とちがう構えがもちこまれた。

「防衛省」の下におかれた自衛隊のキーワードは「統合運用」である。陸海空三自衛隊の統合運用に向けた改編、具体的には、指揮系統における統合(統合幕僚監部の発足)、部隊編成における統合(中央即応集団の新設)、日米両軍の共同運用に向けた統合(共同統合運用調整所の開設)などがそれだ。インド洋とイラク派遣が行われていたのとおなじ時期、自衛隊の組織内部にあっても、〝戦争できる軍隊〟への脱皮が着実に進行した。〝北の脅威〟――北朝鮮の核とミサイル開発、そして拉致事件――が、「統合」を押し進める強力なエンジンとなった。

日米政府の合意(新ガイドライン)と国内法の制定(周辺事態法)を部隊運用と指揮系統にゆきわたらせるための基本方針が、二〇〇四年一二月、安全保障会議と閣議で承認された「平成一七年度以降に係る防衛計画の大綱」(以下、「〇四大綱」)である。この「〇四大綱」により「新ガイドライン路線」は、自衛隊の予算・人員・訓練・兵器調達計画など、部隊編成と作戦計画にあらわされる実践的な防衛計画に埋め込まれた。

専守防衛との絶縁

「防衛計画の大綱」は、日本の防衛力のありかたを自衛隊の部隊編成や装備・兵器の整備目標、出動態勢のかたちに示す長期指針である。一九七六年、三木武夫内閣の下ではじめて策定された。〝ソ連の脅威〟対応型だった「七六大綱」は、九五年、細川—村山政権の時代に一九年ぶりに改定された。しかしその「九五大綱」も、日本防衛の基本に日本独自の「基盤的防衛力構想」と「専守防衛」を据えていた点で「七六大綱」と変わるものではなかった。〝日本列島守備隊〟という役割が基本におかれていた(とはいえ、そのもとで「朝鮮有事」を想定した秘密の日米共同作戦が計画されていたことは第Ⅳ章1でみる)。

ここにいう「基盤的防衛力構想」とは、

- 日本防衛の立脚点として、「脅威の量」を考えて「防衛力の量」を算定する考えはとらない。
- 国土防衛に必要な、隙がなく、均整のとれた防衛力保持を主眼とする。
- 自衛隊の態勢は「限定的かつ小規模の侵略事態」に備えるものとする。

これらを基調にしたのが日本防衛の構想である。日本に対する脅威の量をあらかじめ見積もり、それにそなえて必要な防衛力を構築する「所要防衛力構想」の考えにわが国は立たない、「所要力」でなく「基盤力」、それがあれば十分だ。こうした原則であった。

新ガイドラインの下、策定された「〇四大綱」の最大の特徴は、七〇年代以降維持されてきた「基盤的防衛力構想」と事実上絶縁したことである。「七六大綱」の一九年に対し「九五大綱」は、わずか九年しか維持されなかった。この年輪のうすさに安保再定義の足どりの早さがきざまれている。「〇四大綱」には、一応「「基盤的防衛力構想」の有効な部分は継承しつつ」と書かれている。だが、つづく文章によって、それがたんなる飾り文字にすぎないとわかる。

「「基盤的防衛力構想」の有効な部分は継承しつつ、(しかし一方)新たな脅威や多様な事態に実効的に対応し得るものとする必要がある。また、国際社会の平和と安定が我が国の平和と安全に密接に結びついているという認識の下、(中略)国際社会が協力して行う活動に主体的かつ積極的に取り組み得るものとする必要がある。」

このように「継承」のすぐあとに「しかし一方」を省略する語法で「新たな脅威や多様な事態」への対応を書きこみ、それによって基盤的防衛力構想からの実質的な離脱を強くにじませた。力点が後段にあるのは明らかだ。「〇四大綱」は次のようにつづく。

「このような観点から、今後の我が国の防衛力については、即応性、機動性、柔軟性及び多目的性を備え、軍事技術水準の動向を踏まえた高度の技術力と情報能力に支えられた、多機能で弾力的な実効性のあるものとする。」

「(日米の)周辺事態における協力を含む各種の運用協力、弾道ミサイル防衛における協力、装備・技術交流、在日米軍の駐留をより円滑・効果的にするための取組等の施策を積極的に推進することを通じ、日米安保体制を強化していく。」

素直に読みとく「〇四大綱」の本質は、それまでの基盤的防衛力構想を継承することより、「所要力」への転換、「臨戦力」に向けた飛躍宣言、と受けとめるのが自然であろう。「新大綱」のエッセンスを要約すれば、次のようになる（「平成一七年度以降に係る防衛計画大綱について」）。

- 我が国に対する本格的な侵略事態生起の可能性は低下していると判断される。したがって冷戦型の整備構想――対機甲戦、対潜戦、対航空侵攻を想定した装備・要員――については抜本的な見直しを行い、（在来型装備の）縮減を図る。
- それに変えて、防衛力整備の目標を「新たな脅威や多様な事態」――大量破壊兵器や弾道ミサイルの拡散の進展、国際テロの活動など、新領域に転換していく必要がある。
- そこで、今後の我が国の防衛力は、多機能で弾力的な実効性のあるもの――即応性、機動性、柔軟性及び多目的性を備え、軍事技術水準の動向を踏まえた高度の技術力と情報能力に支えられた態勢を目指す。
- 新たな脅威や多様な事態として、ゲリラや特殊部隊による攻撃、島嶼《とうしょ》部に対する侵略への対応が求められる。これらに向けた実効的な対処能力を備えた態勢を確立する。
- また、国際社会における軍事力の役割は多様化している。国際的な安全保障環境の改善による脅威の防止のため、我が国は国際社会や同盟国＝アメリカと連携して行動する。

以上の情勢認識に立つ「〇四大綱」によって、それまでの「限定的かつ小規模の侵略事態」にそなえた〝日本列島守備隊〟――基盤的防衛力構想による「専守防衛」自衛隊のイメージとは大きく異なる防衛力構築の方針が打ち出されたのである。

北朝鮮と中国を〝仮想敵国〟として名指し

では「多機能で弾力的な実効性のある」防衛力は、どこに向けられるのか。次の文章に注目しよう。

「北朝鮮は大量破壊兵器や弾道ミサイルの開発、配備、拡散を行うとともに、大規模な特殊部隊を保持している。北朝鮮のこのような軍事的な動きは、地域の安全保障における重大な不安定要因である。」

「この地域の安全保障に大きな影響力を有する中国は、核・ミサイル戦力や海・空軍力の近代化を推進するとともに、海洋における活動範囲の拡大などを図っており、このような動向には今後も注目していく必要がある。」

北朝鮮の「特殊部隊」や中国の「海洋活動の拡大」が、「新たな脅威や多様な事態」の文脈でつかまれている。「多機能で弾力的な実効性のある防衛力」(即応・機動・柔軟)が、そこを指向していることは疑いない。新ガイドラインにいう「周辺事態対処」の実践である。それは同時に、北朝鮮と中国を〝仮想敵国〟と認定したことをも意味する。基盤的防衛力構想の下では、「仮想敵国は持たない」とされていた。〝ソ連の脅威〟についても、防衛当局は、公式には「潜在的な脅威」の表現にとどめ〝防衛対象国〟と配慮してよんだ。これに対し「新大綱」は、具体的で顕在的な脅威として北朝鮮と中国を指名したのである。こうして自衛隊の視線は、同盟国＝米軍戦略と合体しつつ、国土防衛から〝一歩前〟に固定されることになる。

統合幕僚監部の設置

このように、防衛の基本姿勢が「限定的かつ小規模の侵略事態」(基盤的防衛力・列島守備隊型)から「新たな脅威や多様な事態」(周辺事態・国際任務型)への対処に転換すると、当然ながら指揮・運用体制と部隊編成に見直しが求められる。「即応性、機動性、柔軟性及び多目的性」に対応しようとすれば、平素から陸海空自衛隊を有機的かつ一体的に運用する態勢が不可欠になる。軍事的合理性に立つかぎり、このことは自然であり必然でもある。

たとえば、「周辺事態」対処にさいし、自衛隊が、米軍部隊と共同行動を行う場合を考えるとわかる。米軍部隊は、陸・海・空軍および海兵隊が統合した一元的作戦機能をもっている。したがって、米軍部隊は、一人の指揮官のもと四軍が単一指揮下で動く。これに対し、自衛隊は、各自衛隊が個別指揮官の判断のもとに行動するのが原則で、必要な場合のみ統幕議長指揮の統合部隊が編成される。しかし米軍側にしてみると、この指揮系統では実効性のある共同作戦などできない、時代に適応しないし米軍編成とミスマッチだ、なんとかしてほしい、と考えるだろう。日米統合部隊による演習は一九八五年にはじまるが、つねづね、アメリカ側からそのような不満がつたえられていた。たしかに、自衛隊独自で行う専守防衛戦略ならばまだしも、「新ガイドライン」後の米軍と共同した周辺事態や海外における協力シーンを念頭におけば、圧力はより増したはずだ。

「〇四大綱」とともに「統合運用体制への移行」が実行されることになった。そのシンボルが「統合幕僚監部」の創設である。二〇〇五年の自衛隊法改正により、翌年三月、「統合幕僚会議」から「統合幕僚監部」への改編がスタートした。二〇〇六年版の「防衛白書」は、「統合幕僚監部」の必要性を次のように説明している。

「(従来)自衛隊の運用に関しては、内部部局が主として政策的観点から、(また)各幕僚長と統合幕僚会議が主として軍事的観点から、自衛隊に対する長官の指揮監督を補佐する体制をとってきた。しかし、軍事的観点からの長官の補佐は、陸・海・空幕長がそれぞれ個別に行い、必要に応じて統合幕僚会議が合議体として、統合調整を行うという「各自衛隊ごとの運用を基本とする態勢」にもとづくものであった。

一方、新たな脅威や多様な事態への対応が求められるなど、自衛隊を取り巻く環境の変化により、その役割は多様化している。これに自衛隊が迅速かつ効果的に対応するためには、(中略)「統合運用を基本とする態勢」へ移行することの必要性をとりまとめた成果報告書が長官に対し提出された。」

「(米軍との共同対処行動においても)自衛隊と米軍がそれぞれ統合の視点から企画・立案した作戦構想に基づき、共同して対処しやすい態勢を構築しておくことが必要である。」

ここに、米軍との共同行動が自衛隊の作戦構想の基本になることがうたわれている。

新設された統合幕僚監部の長は「統合幕僚長」である。自衛隊すべての部隊行動に関して、長官命令の執行責任をもつ。統合任務部隊が編成された場合はもとより、個々の部隊運用にさいしても、統幕長が、自衛艦隊司令官や航空総隊司令官に直接の指揮命令権を行使する。単一指揮官の誕生といってよい。このように、三自衛隊部隊をまとめて運用する一元的な態勢確立により、「〇四大綱」のかかげる「即応性、機動性、柔軟性及び多目的性」に「人の権限」が与えられた。そればかりでなく、米軍にとっては、自衛隊が三軍統合の〝実体あるカウンター・パート〟になったことを意味する。ここでも新ガイドラインにもられた日米軍事組織の一体化＝日米連合軍化は、実質的な裏づけをえたのである。さらに踏みこめば、それを〝従属〟という言葉におきかえても違和感はない。

自衛隊再編と米軍への従属

二〇〇七年度は、「省移行」と「統合運用」がそろって踏みだす最初の年となった。ならば、それは「戦後レジームからの脱却」だったのか、それとも、〝従属の深化〟なのか。

正しくは、「脱却」であると同時に〝従属〟のさらなる深化ということになろう。「美しい国」に向かう脱却指向(それ自体は自立的なイメージをもつが)と、従属の深化＝〝美しい属国〟が併存するのは、常識的に考えるとおかしい。しかし、さまざまに映しだされる自衛隊の変容には、この相容れない二つの流れがあらわれている。

たとえば、防衛省の二〇〇七年度重点施策にもられた「新たな脅威や多様な事態への対応」と「米軍再編のための取組」がその一例だ。「新たな脅威や多様な事態への対応」は、「基盤的防衛力＝専守防衛」への政策面での訣別とみることができる。それだけだと「脱却」のようにみえる。そこには「省移行」と「統合運用」でつくりかえられた〝ニュー・モデル自衛隊〟をつつみこむ新部隊や行動のメニューが並んでいる。しかし、その新メニューが、もう一つの重点施策「米軍再編のための取組」に吸収され、自衛隊と米軍の〝より大きな統合〟すなわち米軍との一体化＝連合化に進んでいく側面に着目すれば、それは、〝従属の深化〟としなければならない。軍事的な力関係からいうと、一体化よりも〝部分化(米軍に融合し、吸収される)〟ないし〝部品化(補完戦力)〟される、と表現するのが適切かもしれない(一二二ページ参照)。「脱却」と〝従属〟。二つの関係はねじれ、錯綜している。だが、そこにこそ「新ガイドライン」がつくりだした〝日米同盟〟の本質的な矛盾があったといえる。米軍の抑止力を期待するためには、同盟軍にふさわしい自立した統合運用態勢をつくらなければならない。しかし、統合による自立はみせかけで、実態的な作戦機能における米軍への従属性はかえって深まる――自衛隊の統合運用態勢とは、このような蟻地獄に引きこまれる状態だといえよう。統合という名の従属、従属へ向かう脱却である。

しかし一方、アメリカへの過度の依存は、それに反発するナショナリズムを国民のあいだによびさますおそれをともなう。したがって、本質を隠すため、誇張された北朝鮮の脅威や中国の軍事大国化非難をつくりだして国民の目を引きつけておかねばならない。そうすることで、アメリカに逆らえない苛立たしさから目をそらせ、アジア近隣への排外感情＝右翼的ポピュリズムという〝代償行動〟に誘導し噴出させる、絶えざる脅威キャンペーンが必要になる……。脱却と従属の二股路線は、国民意識の分裂をも醸成せずにおかない危うい綱渡りである。

「戦う軍隊」への改編

ともあれ、自衛隊変容の象徴となった「統合運用の推進」と「即応・機動・柔軟」にあらわされる「基盤的防衛力＝専守防衛」離れの現実を、まず「脱却」指向のほうからみていこう。

二〇〇七年度、「統合運用態勢の充実」のパイロット・ケースとして、三自衛隊「共同の部隊」がはじめて編成された。「自衛隊指揮通信システム隊」である。保全監査隊、中央指揮運営隊、ネットワーク運用隊からなる、防衛大臣直轄の部隊で「統合運用を情報通信面から支える初の常設統合部隊」と紹介された。隊員一六〇人は三自衛隊から応分に抽出され、情報における三幕僚監部間の連携を強化していく。ネットワーク運用隊はサイバー攻撃対処の統制など「新たな脅威」への対応を担う。こうした「共同の部隊」は、今後、他の部隊にも拡大され自衛隊の骨幹編成となっていくことが計画されている。

二〇〇七年三月、「中央即応集団」の編成完結行事が東京・朝霞《あさか》駐屯地で行われた。CRF（Central Readiness Force）の英語略称をもつ、隊員四一〇〇人、旅団規模の防衛大臣直轄部隊である。同年度中には実戦力となる「中央即応連隊」（宇都宮駐屯地、隊員七〇〇人）も新編される。中央即応集団は、即応連隊のほか空挺団、ヘリコプター団など機動運用部隊と、特殊作戦群、化学防護隊など専門部隊からなる。統合幕僚長―即応集団司令官（陸将）の下で一元的に指揮され、突発事態発生時にどこへでも迅速に戦力を展開する。テロ、ゲリラ、特殊部隊との交戦を想定していて、市街戦戦闘や離島など遠隔地に投入される。また、「国際任務への対応」、海外派兵も中央即応集団の仕事になる。斉藤隆初代統合幕僚長は「陸自にもCRFという空自航空総隊、海自自衛艦隊に並ぶメジャーコマンドができ、統合運用の立場からすると、かなりすっきりした」と、その意義を語った。「中央即応集団」は、日本版海兵隊の創設といってよい。あとでみるように(一五三ページ参照)、この司令部は二〇〇八年度以降、米軍基地内に移転(米陸軍・座間基地=神奈川県)することが日米間で合意されている。

広域任務部隊としては、これより早く二〇〇二年、九州・沖縄を防衛区域とする陸自・西部方面隊に、方面総監直轄連隊(六六〇人)が創設されている。新連隊は、師団に属さず連隊ナンバーもない。たんに「西方普連」(西部方面普通科連隊)とよばれる。佐世保市に駐屯し隊員の半数がレンジャー特技保有者で編成される。「ゲリ・コマ対処」(ゲリラ・コマンドゥ)専門部隊の第一号である。「分散する多数の離島へ柔軟に展開する」ため、ヘリ移動を前提とした高機動性と迅速展開力を与えられ、「独立戦闘能力と生存自活能力」が特徴とされる。武装ゲリラや特殊部隊との応戦、朝鮮半島からの「邦人救出」などが想定されているとみられる。二〇〇六年一月、隊員一二五人がアメリカ本土の基地で強襲揚陸訓練を受けた。中央即応集団と似た作戦部隊である。

さらに全国各地に配置された九個師団、六個旅団も、「即応近代化師団」や「総合近代化旅団」へと改編のさなかにある。「新たな脅威や多様な事態に迅速かつ効果的に対応し得る」ため即応性・機動性重視に向けた戦力強化である。ここでも陸上自衛隊の「郷土を守る」性格はうすめられつつある。

海上自衛隊では、「地方隊」(横須賀、呉、舞鶴、佐世保)に所属していた護衛艦と航空機が、二〇〇七年度より「護衛艦隊」および「航空集団」の指揮下にうつされ、横須賀と厚木の中央司令部で一元的に運用されることになった。「海上自衛隊創設以来最大の改編」といわれ、海外任務や機動性向上を重視した統合運用態勢の充実が目的とされる。以後、地方隊所属の護衛艦は、中央指揮の下にある「地域配備部隊」として位置づけられることになった。「任務が長期化したさいにも持続的に対応するための改編」と説明されるが、司令部のある横須賀と厚木はともに米軍とおなじ基地内に所在し(共同使用施設)、第七艦隊との連携はさらに強められる。「任務の長期化」とは、米海軍との共同行動を念頭においたものであろう。

2　戦争を想定した訓練の実態

激化する戦闘訓練

部隊改編は訓練に反映される。「新大綱」によって生じた変化を、訓練面でいくつか見ておくと——。

習志野駐屯地(千葉県)に二〇〇四年三月新編された「特殊作戦群」(三〇〇人)。中央即応集団の中核となるこの部隊は、取材いっさい拒否、透明度ゼロの対テロ市街戦部隊である。「ゲリラや特殊部隊の侵入対処、捕獲・撃破」をもっぱらとし、米軍とおなじ装備、マニュアルによって訓練される。中央即応集団の編成完結式典に、隊員が黒い覆面姿で整列して異彩を放った。みたとおり同集団の任務には「国際任務への対応」があり、表向き「PKO派遣のため」などとされているが、国連の平和維持活動に黒覆面をつけた特殊部隊は似つかわしくない。「本来任務」は別のところにあるとみるのが自然だろう。

そのことは、二〇〇五年九月にハワイで初の「日米共同市街地戦闘訓練＝ライジング・ウォーリアー02」が行われ、基幹隊員一〇〇人が参加した事実でもうかがえる。市街地での戦闘訓練は米陸軍・海兵隊が“resolve urban unrest”(都市における不穏対処)作戦として、いまもっとも力をいれている分野だ。イラクのファルージャやナジャフで最先端の戦闘シーンが示された。沖縄・金武町《きんちょう》にはつとに海兵隊の「都市型訓練場」が建設され、日常的に訓練が行われており、ときに国道やちかくの民家に銃弾がとびこむこともある。

二〇〇六年一一月一四日には、那覇駐屯の陸自・第一混成団隊員四二人が、この施設をおとずれ不発弾処理の研修を受けている。海兵隊員の指導下、イラクから持ち帰られた路上爆弾(IED)を使いながら、探知・処分の手順が訓練された。日本では想定しにくい攻撃形態だが、イラクの都市では毎日のように簡易爆弾でアメリカ兵の命が奪われている。この光景は、やがて日米合同の「都市型訓練」に発展していくかもしれない。

おなじような都市型戦闘を想定した「大規模市街地訓練場」は、国内でも二〇〇五年、東富士演習場に設置された。三万平方メートルの敷地に、官公庁を模した四階建てのビル、三階建てのマンション、スーパー、ファミリー・レストラン、ホテル、学校など一一棟が配置されている。武装した敵に対する中隊(一五〇人)規模の攻撃防御要領がこの施設で行われる。トンネルもつくられ地下戦闘もできる。訓練をテレビカメラで撮影し教材として検討する施設もそなわっている。おなじ訓練場は、西部方面・霧島、北部方面・北海道、東北方面・王城寺原の演習場にも建設された。これら施設を使って、「治安出動」を想定した警察との共同訓練もあわせて実施されている。一九六五年、朝鮮戦争を想定した秘密作戦計画「三矢研究」(一七七―一七九ページ参照)が暴露されたさい、防衛当局は、以後「治安訓練はしない、訓練教範も作らない」と国会で約束したが、「ゲリ・コマ対処」が叫ばれるなか、誓約は事実上放棄されたにひとしい。以上のように、「統合運用」や「多様な事態」への新部隊は、〃日米軍事一体化〃と表裏の関係にある。

空中給油機の配備

航空自衛隊も同様だ。二〇〇三年五月八日付の『朝雲』に、「空自F15初の空中給油訓練

二空団など一〇機　米機の支援で　運用態勢確立へ」という見出しのトップ記事が掲載された。九州西方・熊本県沖の空域で、四月二一日から一二日間、千歳と小松基地所属のF15戦闘機が、米空軍嘉手納基地から飛来したKC135空中給油機と共同しつつ、はじめて空中給油を実地体験した訓練概要を伝えるものである。

空自報道資料によれば、この訓練は「初めて導入する空中給油機能の運用態勢の確立に向け」とされる。二〇〇七年度中に配備予定の空中給油・輸送機（KC767）を先取りした「米軍給油機からの受油訓練」であった。空中給油により、戦闘機の行動半径は格段に延びる。およそ専守防衛にはそぐわない装備であり訓練だといえる。しかし報道資料には、訓練が近隣諸国に与える懸念や専守防衛政策との整合性などについての説明は見あたらない。

空中給油機は、かつて「持てない装備」の一つだとされていた。一九七三年の国会で、田中角栄首相は、空中給油機の保有に関して、

「第一点、空中給油はいたしません。第二点、空中給油機は保持しません。第三点、空中給油に対する演習、訓練その他もいたしません」とする「田中三原則」を打ち出し、専守防衛の下で空中給油機保有はありえないと断言した（参議院予算委員会、一九七三年四月一〇日）。

しかし一九九〇年代、〝北朝鮮の脅威〟が叫ばれるようになると、この方針はくつがえされ、「検討」から「整備」、さらに「配備」へとなし崩しに後退した。名称を空中給油機でなく「空

中給油・輸送機」に変更し、〝純給油機〟ではないとした。そして、災害派遣時の輸送にも利用することを名目に、「田中三原則」を実質くつがえした。さらに二〇〇七年度に予定された導入時期を待ちきれずに「米軍給油機からの受油訓練」へと踏みこんでいくのである。

熊本県沖から朝鮮、中国沿岸までは、ほんのひと飛びの距離でしかない。腹いっぱい燃料を再補給した戦闘機は朝鮮半島北端まで楽に往復できる。すでに保有済みの空中警戒管制機（AWACS）と組み合わせれば、司令部ごと日本列島を遠く離れた空域で作戦可能となる。だから空中給油訓練は北朝鮮への攻撃能力を誇示するデモンストレーションでもある。自衛隊が、北朝鮮直近の場所で、〝敵基地攻撃論〟がくすぶる時期に、しかも先制攻撃意図をかくさない米軍と、空中給油訓練に踏みきったねらいは、翌年の「〇四大綱」に示された「北朝鮮の軍事的な動きは、地域の安全保障における重大な不安定要因である」という認識を先取りしたものであると受け止めねばならない。この訓練は、以後毎年一回行われている。

空中給油機への執念は、日米訓練が行われた直後の二〇〇三年月五月八日付の『東京新聞』に一面トップで報じられた「北朝鮮基地攻撃を研究　九三年のノドン発射後　能力的に困難と結論」という見出し記事によっても裏づけられる。

この記事によれば、

「九三年五月のノドン発射直後、防衛庁防衛局と制服組の一部が、北朝鮮東岸の発射地点に対する基地攻撃の可否について研究した。攻撃機はＦ１支援戦闘機とＦ４ＥＪ改戦闘機(五〇〇ポンド爆弾搭載)が選ばれた。だが、実施不能と判断された。両機とも朝鮮半島東岸を攻撃して帰還するには航続距離が短く、攻撃後、操縦士は日本海で緊急脱出するしかない。「出撃すれば特攻になる」からだという。関係者の言によれば、「(テーマは)敵基地攻撃をめぐる具体的な研究だった」。」

北朝鮮のミサイル脅威、基地先制攻撃の必要性、それが防衛庁に「空中給油機保有せず」の原則を逆転させるゴー・サインと映ったのだろう。

米軍の「部品」としての自衛隊

とはいえ、自衛隊の統合運用への意欲は、さらなる〝従属の深化〟への一里塚——米軍戦略の受け皿、その掌のうえで踊っているにすぎないという側面も知っておかねばならない。〝従属〟のかたちは、空中給油訓練における〝給油と受油〟の光景に象徴的にあらわされている。イメージは母と子のあいだの授乳関係にちかい。連想をつづけると、前にみた中央即応集団が厚木米軍基地に移転し、また自衛艦隊司令部が横須賀の米海軍との共同使用基地にあること、さらに航空自衛隊の全作戦機を指揮する「航空総隊」司令部(東京都府中市)が、横田米軍基地に移駐(二〇一〇年度)することもあわせて、〝子宮回帰〟的現象のように感じられる。

ほかの例として、二〇〇六年四月六日、在日米軍基地をかかえる自治体の議員六人で運営されるRim Peaceのウェブサイト「追跡！　在日米軍」にこんな記事が載った。

「米太平洋艦隊のホームページに、秋田に入港直前の駆逐艦ステゼムから発信されたニュースが載っていた。〝Stethem, JMSDF 'Plug and Play' with Abraham Lincoln〟という題だった(引用者注・JMSDF＝Japan Maritime Self-Defense Force、海上自衛隊のこと)。〝Plug and Play〟とは、「ややこしい調整をせずにすぐに実働状態に移れる」という意味だ。演習名はPASSEX(passing exercise)、日本近海で空母の護衛を行ったのはステゼムと海自の護衛艦「きりしま」「はたかぜ」「はるさめ」だったとのこと。まさに空母の作戦行動と一体となった動きをしていたことがわかる。」

辞書では、〝Plug and Play〟の訳に、「コンピューターに周辺機器などを接続すると、自動的に認識・設定が行われすぐ使用できること。即戦力の」とある。海自は、プリンターなどパソコンの〝周辺機器〟の扱いだ。米軍と一体となった、というより、米軍の〝部品にされた〟とするほうがより適切だろう。〝Plug and Play〟＝「すぐに動く」とは、言い得て妙である。

海自と米第七艦隊は、一九八〇年代から「シーレーン防衛」や「リムパック演習」などを通じ、緊密な作戦連携をもっていた。新ガイドライン策定後は、いっそう一体化の関係が深まった。ソ連海軍消滅後、作戦海域を東シナ海に移動させ台湾海峡周辺の〝浅い海＝対中国海軍〟

に念頭をおいて米機動艦隊とともに対潜訓練に取り組むようになったのもその一例だ。米国防総省ホームページの「キーン・スウォード05」演習(二〇〇四年一一月実施)にも、「空母キティーホークを護衛航行する海自艦艇」「海自シーホーク・ヘリコプター、キティーホークに着艦」の記事が写真とともにかかげられている。まさしく効率のいい周辺機器――「ややこしい調整をせずにすぐに実働状態に移れる」態勢ができあがっているのである。

ウィニー流出情報にみる日米共同訓練

ほかの例をみよう。二〇〇六年二月、海上自衛隊佐世保地方総監部の業務用秘密情報データが、ファイル交換ソフト「ウィニー」を通じネット空間にあふれでた。佐世保在泊護衛艦の通信下士官が管理する私有パソコンから流出したものだ。「海自秘文書漏洩事件」として広く報道された。ダウンロードしてそのなかにある「秘密指定」された演習計画をみると驚かされる。すでに秘密解除されているので「秘密漏洩」にはあたらないと判断し、ここでその内容を検証する。その内容からは周辺事態における「後方地域支援」や「船舶検査活動」が、国会で論議された立法意図や政府説明とは別次元で動いているさまが浮かびあがってくる。演習の現場では、次のような船舶検査活動=洋上臨検が朝鮮有事の戦闘シナリオとして、ごくあたりまえに演習されているのである。

「平成一五年度海上自衛隊演習(実働演習)　佐世保地方隊作戦計画骨子」と題された文書には「演習の構成」「演習の概要図」「一般情勢」につづけて「周辺事態関連諸活動」がパワーポイントを使った図面で詳細に説明されている。

設定された「茶」国(北朝鮮)の「一般情勢」には、

・経済制裁により、深刻な経済危機、脱北者の増加
・戦時体制へ移行、反緑(米)キャンペーンを展開
・新型弾道弾二基が発射準備中
・工作船の潜搬入訓練が活発化

などと想定されている。いずれも政府側が国会で説明した「周辺事態法発動の類型」に該当する状況にあたるものでない。また、この段階はどうみても周辺事態法第一条に規定された、「そのまま放置すれば我が国に対する直接の武力に至る」事態ともちがう。「新型弾道弾二基が発射準備中」は気になるが、日本に向けたものを想定してはいない。もし日本向けのミサイルなら、それは「周辺事態」ではなく日本の「防衛事態」そのものであり、想定全体が成り立たなくなる。演習の主眼は、「周辺事態関連諸活動」にあり、その前提は「(アメリカ側の)要請に応じ」なのだから、この部分はたんなる〝景気づけ〟にすぎないのだろう。

そのような想定に立ちながら、演習ではこの状況で「周辺事態法」にもとづく関連諸活動が

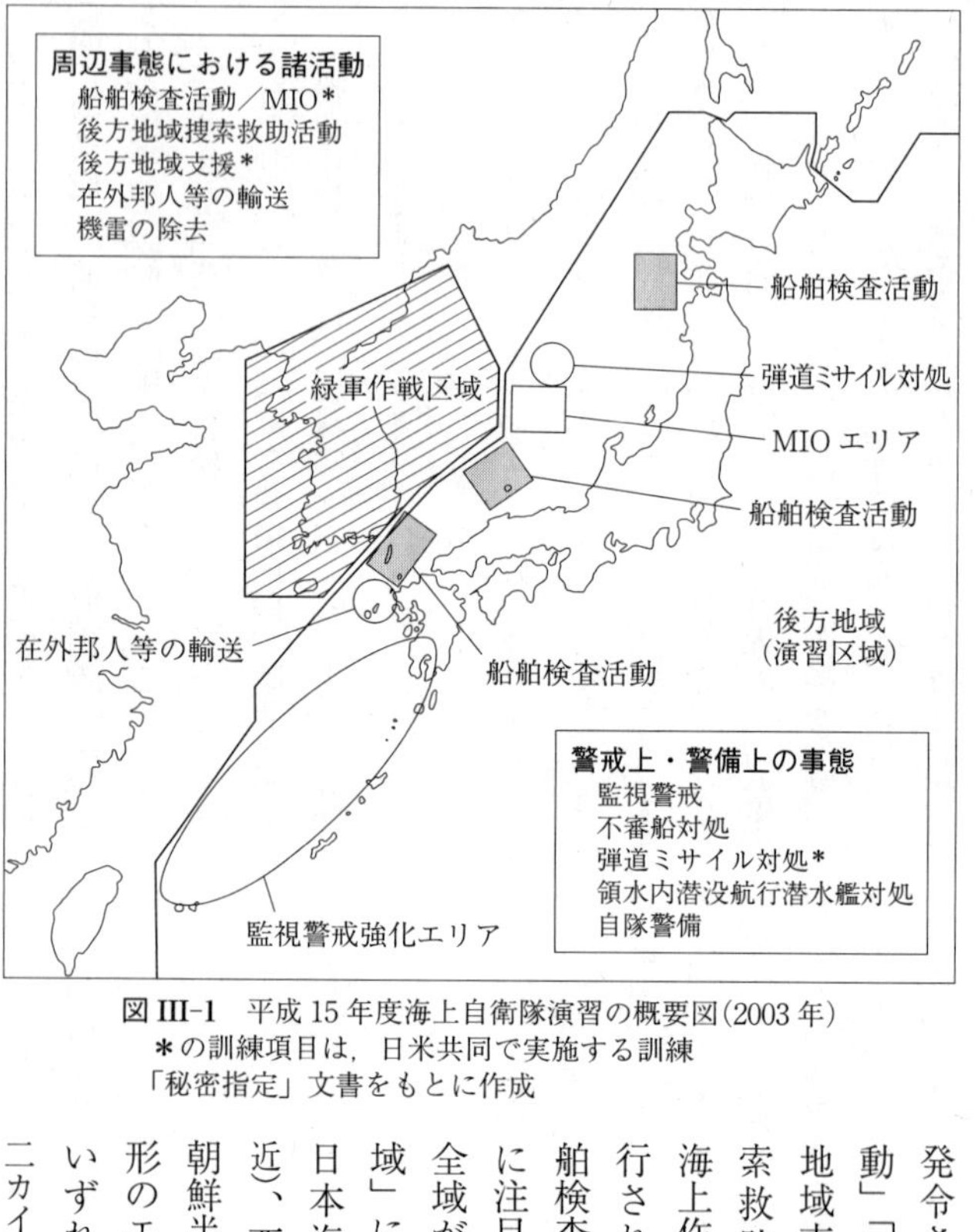

図 III-1　平成 15 年度海上自衛隊演習の概要図(2003 年)
*の訓練項目は，日米共同で実施する訓練
「秘密指定」文書をもとに作成

発令され、「船舶検査活動」「機雷の除去」「後方地域支援」「後方地域捜索救助活動」「(対米軍)海上作戦輸送」などが実行されるのである。「船舶検査活動図」(図Ⅲ-1)に注目すると、朝鮮半島全域が「緑(米)軍作戦区域」に指定された状況下、日本海北部(青森県沖付近)、西部(鳥取県沖付近)、朝鮮半島—九州間に長方形のエリアが設けられる。いずれも日本の領海(一二カイリ)および接続水域

(同)から遠く離れた公海上である。演習における佐世保地方隊の作戦担当区域は、「概ね距岸一〇〇マイル内の海域」とされる。同図に付された幕僚のブリーフィングによれば、「周辺事態における諸活動の船舶検査活動のエリアは、黄色で囲んだ長方形の区域であり、図演の想定とは異なり、3箇所設定しております。米海軍の実施するMIO(臨検)のエリアは、青色で囲まれたエリアであり、海上自衛隊が実施する船舶検査活動区域と区分しております」とされている。「実施海域：C」(朝鮮半島—九州)では、護衛艦二隻、ミサイル艇二隻(前進基地の小月と対馬)、哨戒ヘリ一機で「船舶検査活動部隊」を編成、「対象船舶把握」「海上からの潜搬入の阻止」「海上における不法行為の封止」などの作戦が実施される。日米艦隊の距離は「後方地域支援」といえないほど接近している。朝鮮半島南部沿岸をすっぽりおおう区域である。これらの作戦が、日本が攻撃される「防衛上の事態」にもとづくものではなく「周辺事態における警戒、警備」として公海上で演習されたのである。

演習が示す「周辺事態」の実際とは

「佐世保地方隊作戦計画」には、中国(黄国)に対する作戦想定も組み込まれていた。そこにも「一般情勢」として、周辺事態発動時の状況が設定されている。

・緑国(米)が黄市場からホットマネーを一斉に引上げしたことから、(中国の)株式市場が大

暴落、経済混乱の兆し
・S（尖閣）諸島の領有権を主張し、近年海洋調査活動を活発化
・S諸島周辺海域では漁船が領海侵犯し、青（日本）巡視船へ体当たりする事案が生起
・情報収集艦、海洋調査船がC（東シナ海）海で活動中

この状況も、「そのまま放置すれば我が国に……」とは考えられない。「そのまま放置すれば我が国に対する」〝株暴落の波及〟があるにしても、「防衛上の事態」でも「周辺事態」でもない。「S諸島」うんぬんは、まだ海上保安庁による警察活動の領域にとどまる情勢である。しかし、想定では、「黄国（中国）は茶国（北朝鮮）と協同して緑国（米）後方支援部隊に対する妨害」を行い、「S諸島の不法占拠」といった状況設定がなされる。そして、ここでも「（米の）要請に応じ後方支援を実施」となる。「演習の概要図」には、九州南方から台湾北方海域にかけて「監視警戒強化エリア」が図示されている。そしてこの海域で、中国に対する「日米共同で実施する項目」として船舶検査活動、後方地域支援、弾道ミサイル対処のほか、「浅海域の対潜戦」「緑空母群の防護支援」「緑艦艇の護衛」などが演習されるのである。「台湾海峡封鎖作戦」であろうか。

「ウィニー流出情報」は、はしなくも周辺事態対処がいかに実行されるかの実例を、海上自衛隊演習（それは同時に日米共同演習でもあるが）における作戦想定のかたちで暴露した。それは法

案審議で説明され、国民に知らされた「周辺事態」とは次元を異にした「アメリカの要請」に対する協力であった。アメリカの先制と主導に、日本が下請け的に追随する構図である。対中国有事の発端が、「緑国が黄市場からホットマネーを一斉引上げ」というのも不気味だ。周辺事態がアメリカによって意図的につくりだされ、日本はなすがままに引きずられていく。演習シナリオから、そのような〝巻きこまれのかたち〟の印象も受ける。アメリカは自国の安全や利害を左右する問題の解決を迫られた場合、同盟国にはかることなく独自で行動する。アフガニスタン攻撃、イラク戦争でもそうだった。そのことを銘記しておかなければならない。

この演習が実施された二〇〇三年の時点で、統合幕僚監部はまだ発足していなかった。しかし今は、統合幕僚長が佐世保地方総監を指揮して、米軍作戦に全自衛隊一丸となって対応できる態勢ができているのである。現在はより実戦的な演習が行われているとみるべきだろう。

秘密情報がウィニーを通じ漏洩したことに関して、防衛庁は、海上幕僚長以下四七人に「管理責任」の処分を行った。だが「法に逸脱した想定」や「文民統制違反」は理由になっていない。日米の周辺事態訓練、そこでの〝Plug and Play〟は、そのまま〝日米同盟〟の実際のありようを映し出すものといえる。

3　戦力としての自衛隊

イージス艦を五隻も保有

専守防衛との訣別、米軍と一体化し「戦う自衛隊」への変貌は、新部隊や新装備を通じ自衛隊の戦力強化にも反映される。ここまで新部隊とあらたな運用方針、つまりソフトウェアについてふれてきたので、次にハードウェア＝新兵器からの自衛隊の動向をみておこう。

二〇〇七年三月、護衛艦「こんごう」(七七〇〇トン)に自衛艦旗が授与され、舞鶴の第三護衛隊群で任務についた。イージス戦闘システムを搭載した五番目の艦である。イージス艦とは、高性能レーダーとコンピュータにより予測戦況を瞬時に把握、甲板に埋め込まれた対空・対艦・対潜ミサイルをもって海上戦闘全般を自動的に統制できる、最新鋭兵器をもつ護衛艦のことだ。五隻も保有する(さらにもう一隻が二〇〇八年就役)のはアメリカ以外には日本しかない。これに弾道ミサイルを探知・追尾・撃破できる「SM3迎撃ミサイル」を加えれば(すでに四隻に搭載)、ミサイル防衛の第一線任務に立つことになる。一九九八年、日本列島を飛びこえた北朝鮮の弾道ミサイルを探知・追尾したのはイージス艦「みょうこう」だった(第I章扉写真)。このタイプの護衛艦を六隻そろえ、すべてにSM3を装備し、常時最低二隻を東シナ海―日本海―オホーツク海で哨戒任務にあたらせるのが防衛省の方針である。ただし二隻か三隻で日本列島をカバーしきれるものではない。ここにも日米が一体化した作戦のかたちが描かれている。

ブッシュ政権は、とくに9・11事件以降、「本土ミサイル防衛」に力を入れ、迎撃ミサイル網の構築に乗りだした。米北西部に向けた北朝鮮と中国からの弾道ミサイル攻撃を軌道計算すると、日本周辺は早期警戒と迎撃の最前線となる。目標がハワイ、グアムだと、極東ロシアから発射される弾道ミサイルも日本領域上空をかすめることになる。米政府は二方向から日本の協力を要請した。一つは、日本攻撃か、それともアメリカに向かうのか、まだ断定しがたい事態でも自衛隊が対処することである。日本攻撃(在日米軍基地を含め)が明白であれば、自衛隊は個別的自衛権で迎撃できる(内閣法制局見解)。しかし軌道方向が米本土だと判定されると、自衛隊による迎撃は「集団的自衛権の行使」にあたるので、できない。安倍首相が防衛省発足の訓示で「集団的自衛権の問題」については「個別具体的な事例に即して」研究を進めるとしたのは、後者の事例を指している。すなわちイージス艦のミサイル迎撃能力を「米本土ミサイル防衛」にもリンクさせようという「研究」である。そのために、「柳井懇談会」(九一―一〇ページ参照)が設置され、二〇〇七年五月から検討をはじめた。

いま一つが日米イージス艦による共同哨戒である。ブッシュ政権は二〇〇四年以降、アラスカに地上配備型迎撃ミサイルの初期配備を開始(七月)するとともに、イージス・システム搭載駆逐艦、フリゲート・巡洋艦による日本海常駐態勢を布いた。横須賀の第七艦隊にイージス艦が配備され、九月に駆逐艦「カーチス・ウィルバー」が日本海哨戒を開始、一〇月には新潟港に巡洋艦「レイク・エリー」が初寄港した。二〇〇七年現在、太平洋地域配備イージス艦一〇隻のうち六隻までが横須賀を母港としている。

二〇〇七年四月一三日付『東京新聞』の米国防総省高官談話によると、二〇〇九年までにミサイル迎撃能力をもつ米海軍イージス艦一八隻中一六隻を日本やハワイに配備するという。最大拠点が横須賀となるのは明らかだ。海自のイージス艦六隻も、このようなつながりのなかで日米共同の戦力に予定されているのである。六隻体制が日本国民の安全より米政府からの圧力によって推進されたことはまちがいない。

イージス艦が日本防衛に無意味だとはいわないにせよ、巨費をかけてまでもつ必要が本当にあるのか、との疑問がわく。また「ミサイル防衛」が、真に日本の安全に寄与するのかも疑わしい。そもそも、音速の六倍ものスピードで大気圏外から飛来する弾道ミサイルを、小型のミサイルによって撃破できるという考え自体、ピストルの弾丸で小銃弾を阻止するのに似た技術信仰といわなければならない。もし可能と仮定しても、弾頭に核がつくと、百発百中の命中が必須条件となる。一〇発のミサイルを想定しても、撃破率九〇％で広島が、八〇％で広島と長崎が再現されるからだ。おとり弾頭をまじえ一〇〇発飛んでくるとしたら（ロシア、中国にはその能力がある)、要求される撃破率は九九%と九八%となる。もはや技術の領域であるより、〝必殺の信念〟や〝撃ちてしやまん〟といった精神力で語られるべき次元だ。

イージス艦一隻の建造価格は約一三〇〇億円。そのほぼ半分が、まるごとアメリカ企業から買うイージス・システム経費で占められることも知っておきたい。イージスやミサイル防衛の装備品は先端技術のかたまりなので、日本メーカーによるライセンス生産も認められない。一兆円以上の調達費の大部分がロッキード・マーチンやレイセオンなど米軍需企業のふところに入ることになる。そのように気前のよい国は、目下のところ日本だけである。

空母保有に向けて

海上自衛隊は「空母建造」にも着手している。「16ＤＤＨ」の仮名称をもつ一万三五〇〇トン級の「ヘリ搭載護衛艦」がそれである。二〇〇八年の就役が予定されている。これほどの大型艦をよぶのに護衛艦とは少し違和感を覚えるが、自衛隊の主要水上艦艇はすべて護衛艦に分類される。他国や旧海軍のような巡洋艦、駆逐艦といった区別はない。排水量七七〇〇トンの「こんごう」も一二九〇トンの「いしかり」も、ひとしく護衛艦と称する。ほかの国の基準でいえば「16ＤＤＨ」は、「ヘリ空母」ないし「軽空母」にあたる。ふつうの護衛艦は中央部の艦橋(ブリッジ)で前後に二分されるが、防衛省公表の「16ＤＤＨの概要図」(図III-2)でみると、

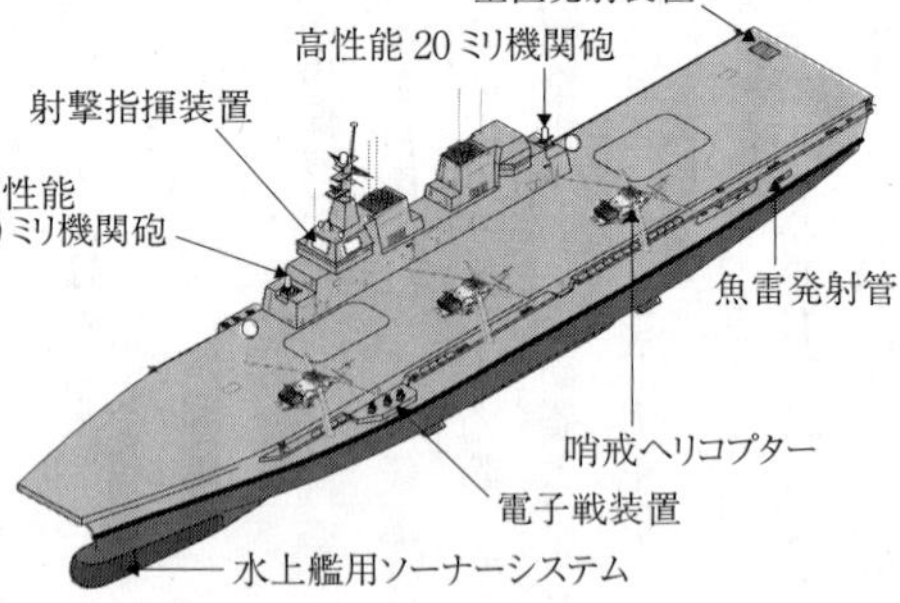

図 III-2　16DDH の概要図
防衛庁資料をもとに作成

艦橋が右舷に寄せられ「全通甲板」が艦全体をつらぬく。まぎれもない空母のシルエットである。全長一九五メートル。『軍事年鑑』で空母に分類されるイギリスの「インビンシブル級」(二〇九メートル)にはやや及ばないものの、スペインの空母プリンシテ・デ・アストリアとほぼおなじ長さ、イタリアの空母ジュゼッペ・ガリバルディ(一八〇メートル)より大きい。一一機のヘリコプターを搭載・運用できる機能面からしても「空母」として扱うのが自然だ。そうしない(できない)のは、「持てない兵器」を名称の言い換えによって手にする、防衛当局の独自解釈によってである。「空中給油機」の例は先にみた(一二七―一三〇ページ参照)。

空母は「自衛のため必要最小限度」をこえるので専守防衛の自衛隊とは無縁、とされてきた。いまでも毎年の「防衛白書」に「攻撃型空母の保有は許されないと考えている」と書かれている。しかし、ここに例示された「攻撃型」をアメリカの原子力空母のようなものに限定し、また「空母」とよばなければ「軍事技術の進展により変わりうる相対的な面」に取りこんでしまえるので違反にはあたらない、と解釈できる。空中給油機はだめだが、災害救援にも用いる「空中給油・輸送機」とすれば「必要最小限度」の枠内。おなじ論法で、空母の名称ははばかるが「ヘリ搭載型大型護衛艦」にして、「空母にみえても護衛艦」として通用させるのである。

なぜ空母が必要なのか。防衛省の説明資料には「長期間のインド洋での協力支援活動、大規模災害派遣、国連平和維持活動（ＰＫＯ）、在外邦人輸送等に柔軟に対応し得るよう十分な整備スペースと器材を保持するため」と記されている。しかし大規模災害やＰＫＯに海自艦艇がわざわざ派遣された例はない。「長期間のインド洋での協力支援活動」とは、テロ特措法にもとづくアフガニスタン攻撃支援の護衛艦、補給艦派遣のケースのみである（二〇〇七年現在もつづいている）。海自空母の運用目的は、「〇四大綱」に登場した「新たな脅威や多様な事態」への対応という情勢認識、そこに書かれた「中国は、核・ミサイル戦力や海・空軍力の近代化を推進するとともに海洋における活動範囲の拡大などを図っている」とする想定敵の指名、さらに「統合運用と米軍再編」にもられた一体化・融合の実態に照らせば、おのずとみえてくる。「ウィニー流出情報」にあった演習想定を思いおこすと、もっとリアルに推測できる。防衛省は、名称の書きかえだけでなく、その運用法でも実態隠しを行っているとすべきだろう。

同時に、二〇〇八年の「日本空母」出現は、とりもなおさず「安全保障のジレンマ」の原則にしたがって中国の軍拡に波及せずにおかないことを意味している。やがて「中国空母出現」の報を予期しておかなければならない。中国の空母は、米空母に匹敵はしないだろうが、「ヘリ搭載型大型護衛艦」より強力なことは確実だ(中国に空母保有の規制条件はない)。一九七〇年代の日本の「軍事費増加曲線」のボールが、いま中国から投げかえされているように(一八七―一八八ページ参照)、アメリカを後立てとし、アジアに向けた建艦競争も、おなじジレンマとなって日本にはねかえってくると覚悟しておく必要がある。

軍事大国としての日本

こうした新装備費を含めた二〇〇七年の防衛関係費は四兆七八一八億円。この枠外に組まれた沖縄基地経費を加えると四兆七九四四億円に達する。うちミサイル防衛や特殊部隊など「新たな脅威や多様な事態への対応」関連に四四七七億円、「在日米軍再編のための取組」など基地関連に五〇四〇億円支出される。表Ⅲ-1「各国国防費」の順位では六番目となっているが、各国が軍事予算に計上している軍人年金(旧軍人に対する恩給、二〇〇七年度、八四〇一億円)も入れて算定すると約五・六兆円となり、国際比較で五本の指に入るほどの軍事費である。このほか、各省庁に分散された予算、たとえば人工衛星、海上保安庁・警察機動隊など広義の防衛関連経費――それは中国の軍事費増加を指摘するさいつかわれる〝隠し予算〟であるが――まで計算すると、この数字はもっと増える。ミサイル防衛は三兆円以上、米軍再編にも三兆円かかるとされる(一五六ページ参照)ので、日本の防衛費は「〇四大綱」の下で、今後も増えつづけることが宿命づけられている。福祉予算などが大幅に削られていくなかで、このような軍事大国への道が果たして国民の「安全と安心」を増す選択肢なのであろうか。

表III-1　各国国防費　(単位：億ドル)

国　名	2003年	2004年	2005年
アメリカ	4049	4559	4953
中　国	755	872	1039
ロシア	652	596	580
フランス	462	533	531
イギリス	433	501	517
日　本	428	452	439
ドイツ	352	383	380
イタリア	304	343	314
サウジアラビア	187	209	254
インド	155	198	217

出典：The International Institute for Strategic Studies *The Military Balance 2007*

自衛官の自殺が増加

この節の締めくくりに、自衛隊の変容が自衛官に投げかける心理面での影響、ヒューマンウェアの一端にふれておこう。

戦う態勢への接近、いつ攻撃されても不思議でない「サマワ宿営地」での日々、黒覆面隊員の登場……これらは隊員のストレスを増大させる。「市街戦戦闘訓練」では、空中でホバリングしたヘリからロープづたいにビル屋上に降り立ち、次の瞬間、敵か、救出すべき民間人かを決断しなければならない。「船舶検査活動」にしても、公海上で商船か敵性船舶かを見分ける、国土防衛とはちがう様相での任務遂行だ。隊員が受ける強い精神的圧迫は容易に想像できる。

そうした状況も背景にあるのかもしれない。制服自衛官の自殺が高い率で発生し、ここ数年、さらに増えている。一九九六年から二〇〇五年までの一〇年間に自殺者は七一五人にのぼる。一九九八年の七五人をピークに、二〇〇二年以降はずっとこれを上まわり二〇〇四年は九四人に達した。防衛庁(当時)も「平成一〇年以降高い水準にとどまっている」と認めた(『朝雲』二〇〇三年一一月六日付)。〝自殺社会〟といわれる日本だが、実数約二四万人の制服組が青壮年である(自殺者は三〇代前半と四〇代後半に目立つ)ことを考えると、この数値は異常に高い。「病苦」よりも「職務」理由の方が多く、「その他・不明」が全体の三分の一以上を占めるのも特徴だ。

イラク派遣から帰国して自殺した隊員が五人いることはすでにふれたが(九五ページ参照)、日本初の「対ゲリラ精鋭部隊」として発足した西部方面普通科連隊(一一四ページ参照)でも、開隊後わずか三カ月(二〇〇二年五—七月)のあいだに三人の自殺者を出した。いずれも「隊員のプライバシーに起因する」と陸自側は説明するが、戦場体験や苛酷な訓練、いじめが背後にある、と指摘する見方もある。イラク任務や新部隊創設が原因となった可能性も完全に否定はできない。いじめによるケースでは護衛艦「さわぎり」と「たちかぜ」艦内で自殺(一九九九年と二〇〇六年)、「うみぎり」では同僚の暴行による負傷(二〇〇四年)が裁判になっている。これらから推して、閉鎖空間や隠蔽体質、規律と命令の日常環境が介在している可能性が高い。

防衛庁(当時)は、二〇〇三年一一月を「自衛隊員メンタルヘルス施策強化月間」としたり、イラク派遣部隊にカウンセラーを同行させるなど自殺防止につとめているが、効果は上がっていない。組織と人間関係の深い部分に病巣が根ざしているのだろう。「さわぎり事件」調査に関係した石村善治《いしむらぜんじ》長崎県立大学前学長は、「軍事オンブズマン制度の導入」など外部の目を採り入れるよう提案しているが(『西日本新聞』二〇〇二年七月二六日付)、実現しそうにない。

多発する自殺、いじめなどに映し出される隊内環境の劣化は、これも頻発する「情報流出」とともに、自衛隊の急激な変容が発する悲鳴か、きしみといえるのかもしれない。

4　米軍再編と自衛隊

「憲法虐殺の三日間」

二〇〇五年一〇月は、憲法第九条にとって凶報のあいつぐ月となった。月末に「憲法虐殺の三日間」とも形容すべきできごとに見舞われたのだ。すなわち、「米原子力空母の横須賀常駐」通告(二七日)、「自民党新憲法草案」発表(二八日)、「日米同盟：未来のための変革・再編」共同発表(二九日)と、二七—二九日にかけて憲法への重大な攻撃がなされた。

「橋本・クリントン共同宣言」(三八―四一ページ参照)から一〇年。アメリカの新世界戦略――「トランスフォーメーション」(軍の変革)、とくに「9・11事件」を受けて進展させてきた「ラムズフェルド構想」――が、「日米共通戦略目標協議」を経て、「日米同盟:未来のための変革・再編」にもられた「実施計画」と「行程表」(二〇〇六年五月最終合意)となって、ここに結実したのである。それは「周辺事態協力」(日米の「役割・任務・能力」における分担)でなされた合意に、「兵力態勢の再編」と「基地の再編」という実体を与えるものであった。一〇月末に日付が集中したのも偶然でない。いずれも、五年余に及んだ〝小泉劇場〟政治の、いわば〝安保協力版決算リスト〟にあたる。憲法と安保の相克関係が、また振動した。

なかでも二九日、日米安保協議委員会で採択された「日米同盟:未来のための変革・再編」文書には、自衛隊の変容=従属の深化が、米軍とともに「海外で戦争できる」、「米軍に一体化・融合していく」行動目標として記された。「国際的な安全保障環境の改善――自衛隊および米軍は、国際的な活動における他国との協力を強化する」という一節に、それはあらわれている。この〝一〇月の三日間〟により、自衛隊と憲法、米軍と在日基地、そして自衛隊と米軍のあり方に長期的な転換をもたらす方向が示されたのである。日付を追ってみよう。

まず二七日。東京のアメリカ大使館は、「原子力空母ジョージ・ワシントンを二〇〇八年以降、横須賀米軍基地に配備する」と通告した。手続きからいうと、在日米軍兵力の変更は、日米安保条約の交換公文に「配置における重要な変更は事前協議の対象とする」と明記されている。「海軍の場合は一機動部隊程度」が基準とされ、空母の母港化は日本政府との協議を要する。にもかかわらず事前協議の申し入れはなかった。一片の通告をもって、東京湾に原子力空母(中型原発の出力に相当する馬力)を常駐させる決定がなされたのである。事前協議制度の空文化のみならず、非核三原則(核を持たず・作らず・持ち込ませず)の崩壊にもつながる。さらに原子力基本法(平和利用と民主・自主・公開原則)にもかかわる重大事が、安全審査や環境評価もされないまま、いとも軽々と扱われた。横須賀市には、原発設置予定の自治体がもつほどの発言権すら与えられなかった。

そもそも、一国の首都の港に外国軍隊の最強艦の定係港を認めるなど、植民地以外にはありそうにないことだ。しかるに、政府はそれを〝抑止力の強化〟として歓迎さえした。一方、横須賀に司令部を置く第七艦隊にすれば、ジョージ・ワシントンの横須賀常駐は、海上自衛隊の自衛艦隊とのあいだに密接な〝Plug and Play〟(一三二ページ参照)関係を築くのに都合のいい環境を得たことになる。「新ガイドライン」には「米軍による自衛隊基地の使用」も規定されていた。周辺事態協力における「役割・任務・能力」の分担が基地行政に及んだことになる。

自民党新憲法草案と自衛軍創設

翌二八日、「自民党新憲法草案」が発表された。そこには「自衛軍の創設」と「集団的自衛権行使の容認」が明記されていた。一九九〇年代に進行した自衛隊の海外派兵――〃憲法と現実の乖離〃を、最高規範の変更によって最終解決するこころみである。これも日米の「共通戦略目標」と無縁ではない。「草案」から関係部分を拾うと、

- 前文から「国家不戦の決意」が消された。かわって「日本国民は、帰属する国や社会を自ら支え守る責務を共有し……」に書き換えられた。
- 第二章・第九条のタイトルが、「戦争の放棄」から「安全保障」に改められた。集団的自衛権行使に向けた布石であると容易に想像つく。
- 九条二項に「自衛軍保持」や「国際的に協調して行われる活動」への参加を明記した。具体的な内容は、「法律の定めるところによる」とされ、範囲は定かでない。
- 第七六条三項で「軍事裁判所」が新設されることになる。「軍法会議」が復活する。ここでも「内容は、法律の定めるところによる」としている。
- 第一二条「公共の福祉」が「国民の責務、公益、公の秩序」といった表現にかわった。「国防の責務」が地域と民間を覆う。

この「自民党新憲法草案」の作成過程で、文民統制にかかわる問題が発生した。陸上自衛隊

の制服幹部（陸上幕僚監部防衛部防衛課防衛班所属の二等陸佐）が「憲法草案」参考メモを作成し、自民党憲法調査会改憲起草委員会の中谷元《なかたにげん》座長（元防衛庁長官）に提出していたことが明るみに出たのである（二〇〇六年一二月）。職場からファクスで中谷議員に送られたものという。二佐が書いた「憲法草案」メモには、次のような文言が書かれていた。

- 日本国は、国の防衛のために軍隊を設置する（陸海空軍を置く）。
- 軍隊は、我が国の防衛及び前条の規定に基づき行動したときは、集団的自衛権を行使することができる。
- 軍隊に任務・編成・装備及び行動・権限は、法律で定める。
- 軍人の身分は、法律で定める。
- 我が国の防衛その他緊急事態における体制は、法律で定める。
- 司法権は、最高裁判所及び法律の定めるところにより設置する下級裁判所並びに特別裁判所に属する。
- すべて国民は、法律の定めるところにより、国防の義務を負う。

二佐作成の「憲法草案」は、表現はやや異なるとはいえ、自民党新憲法草案におおむね反映されている。憲起草委員会の元防衛庁長官といい、両者の息はぴったり合っている。この行為は、公務員の政治的行為を禁じた自衛隊法や、憲法遵守義務に違反するものである。もちろん上司も政治関与を見逃した責任からまぬかれない。であるのに防衛庁は、「組織的関与がなかった」ことを理由に二佐個人への「口頭注意」処分で済ませた。当人は、翌年三月の人事で一佐に昇任している。「陸自幹部が改憲案作成」のニュース、そして甘い処分は、防衛庁の憲法軽視と改憲への願望をもうかがわせる。

指揮・統制は米軍へ

そして二九日が、「在日米軍基地再編」合意文書決定である。発表された「日米同盟：未来のための変革・再編」には、憲法を無視した、自衛隊と米軍の作戦機能合体、さらに「全土基地化」に向けた〃新日米同盟への見取図〃が示されていた。集団的自衛権行使に向けた実質的な骨組み、すなわち九五年の「ナイ・リポート」(三七―三八ページ参照)にはじまる〃安保再定義のフィナーレ〃としての性格をもつ。日米両軍事組織の〃連合化・一体化・融合〃への着地、正確には〃部分化・一部化・吸収〃にいたるロードマップと意味づけられる。

政府は国民につねづね、「米軍再編協議」のいちばんのテーマは、沖縄基地の負担軽減を最重点とする「在日米軍基地の負担軽減」であると説明してきた。沖縄県民は、今度こそ〃基地苦〃の解消を目に見えるかたちでと期待をかけていた。ところが、公表された合意文書の主眼は、基地縮小ではなく、日米同盟の変革――自衛隊と米軍の戦力合体のほうにあった。内容も大部分が、米軍と自衛隊の統合運用に関する事項で占められた。基地縮小はつけたりにすぎず、それも海兵隊八〇〇〇人の移転にともなう日本側の費用負担六〇億ドルをはじめ、総額三兆円にのぼる巨額の負担を受け入れるというものであった。

なぜ、「基地再編」について、そのような認識のずれが生じたのか。アメリカ政府にとって「軍再編」とは、クリントン政権時の「ボトムアップ・レビュー」にさかのぼる世界的規模にわたる駐留兵力と基地の変革・再編と把握されている。目的は冷戦後世界に向けた仮想敵、兵器システム、戦闘形態の再構築にある。もとより「ナイ・リポート」も、そのような〝世界地図からの視点〟で書かれている。「日本版再編」最大のねらいは自衛隊の役割・任務・能力および在日米軍基地の価値、つまり日米同盟の意義をそのもとに位置づけることにあった。日本側当事者は、内実を知っていながら、しかし重点が「基地再編・縮小」にあるかのようにみせかけた。その落差が「在日米軍基地再編」合意文書決定によってはっきりしたのである。再編文書にもられた「米軍・自衛隊一体化」の主な項目をあげると、

- 神奈川県・横須賀基地に原子力空母が配備される(二〇〇八年)。海自・自衛艦隊司令部と米第七艦隊司令部がおなじ基地を共有することで連携が強化される→日米海軍の一体化。
- 神奈川県・座間基地に米本土から陸軍第一軍団司令部があらたな戦域司令部に改編され移駐してくる(二〇〇八年)。一方、陸自は新設された「中央即応集団司令部」を座間米軍基

地に移転させる（二〇一二年まで）。県内相模原総合補給廠に「戦闘指揮訓練センター」が設置される→日米陸軍の一体・臨戦化。

• 東京都・横田米空軍基地に空自・航空総隊司令部が移動する（二〇一〇年）。そして横田基地に日米の「共同統合運用調整所」が開設され、防空およびミサイル防衛にかんする調整がここで実施されるようになる→日米空軍の連合化、ミサイル防衛の共同対処。

以上に明らかなとおり、首都圏（東京と神奈川）に米軍太平洋地域の陸・海・空軍戦域司令部が集中することになる。同時に、自衛隊の陸・海・空司令部（中央即応集団・自衛艦隊・航空総隊）と実質的に合同し、〝日米共同司令部〟（「戦闘指揮訓練センター」と「共同統合運用調整所」）が設置されるのである。沖縄の海兵隊司令部機能も、そのまま存置される。

これら事実上の〝日米共同司令部〟は、すべて米軍基地内におかれる。そこは〝観念上〟は日本の主権下にあるとはいえ、基地管理権に日本政府の手は及ばない。〝日本のなかのアメリカ〟である。指揮・統制機能は米軍主導の下で運用されるとみるのが自然だ。情報管理、ミサイル防衛の対処要領、共同演習計画なども米軍にイニシアチブをにぎられる。自衛隊は、アメリカの〝第五軍〟とならざるをえない。これが自衛隊における「戦後レジームからの脱却」の実態である。果たして「美しい国」といえるだろうか。

米軍基地と自衛隊基地の統合

「機能再編」の次に「基地再編」を見ると、

●沖縄県・名護市沖の大浦湾に、普天間基地にかわる海兵隊航空基地があらたに建設される→さらなる基地の増強。とりわけ普天間基地の〝代替〟とはいえ、沖縄に二本の一八〇〇メートル滑走路（V字型）をもつ、より大規模な新設基地がつくられることの重大性。

●山口県・岩国基地に厚木基地から空母艦載機が移駐する→岩国基地の拡張と離発着訓練の実施。しかし、これにより厚木基地が返還されるわけではない。

●新田原《にゅうたばる》（宮崎）、築城《ついき》（福岡）の航空自衛隊飛行基地を嘉手納米軍の飛行訓練基地と共同使用する→ここでも嘉手納基地の負担が軽減されるわけではない。〝沖縄の全土化〟と日米空軍機の訓練区域拡大ととらえるのが正確だ。

●新たな米軍のXバンドレーダー・システム（弾道ミサイルの発射地点と軌道を正確に探知する移動レーダー・サイト）の展開地として航空自衛隊車力分屯地基地を使用する。基地再編のなかではいちばん早く、二〇〇六年夏からレーダーの運用が開始された→アラスカ＝アリューシャン―日本をむすぶ「米本土ミサイル防衛」の前哨基地に位置づけられる。日本側も「情報を共有する」とされているが、目的が〝米本土を守る〟ためであるのは明白だ。

●米第三海兵機動展開部隊のグアムへの移転のため、日本は、兵力の移転が可能となるよう、インフラ整備のため六〇・九億ドルを提供する→沖縄から移動する海兵隊員八〇〇〇人に約七〇〇〇億円、隊員一人あたりに一億円ちかい経費負担である。しかし、かれらのいた基地がすべて返還されるのではない。海兵隊はいつでも戻ってくることができる。

•変革・再編に要する経費の大半は日本側負担とされ、総額は三兆円以上とみられる→政府は否定するが、再編協議の米側責任者・ローレス国防副長官が、その金額を明らかにした。

以上の「日米同盟：未来のための変革・再編」計画は、翌二〇〇六年五月一日の「日米安全保障協議委員会・最終報告」(2プラス2)により、二〇一四年までに完了することが合意された。これをうけて、政府は、「駐留軍等の再編の円滑な実施に関する特別措置法」(基地再編特措法)を二〇〇七年六月の国会で成立させた。

「再編計画」から透けてみえるのは、〝再編〟が単なる基地再編にとどまるものではないこと、また「統合」が、たんに自衛隊部隊の統合運用という次元ではないことである。合意された事実を要約すれば、①日米の軍事司令部機能が首都圏の米軍基地で合体し、自衛隊の統合運用態勢がアメリカ世界戦略の補完としての役割を果たすようになる、②自衛隊基地と米軍基地のフェンスが実質的に取りはらわれ、相互乗り入れ・共同使用が推進される、③沖縄はじめ全国の基地は、縮小とほど遠い現状維持というより〝沖縄の全国化〟や〝全土基地化〟というべき、あらたな状態にさらされる、④「有事法制」制定により、以上のことと「地域と職場」の軍事協力がつながれる、⑤国民はさらに三兆円の負担をしいられる、ということになる。真のねらいは、アメリカの戦略目的のために自衛隊と在日米軍基地を統合運用することにある。自衛隊の一元化はその前提なのだ。また、「改憲草案」も、海外での戦争参加＝集団的自衛権の行使解禁として理解できる。〝日米同盟の新紀元〟とはそのような近未来をめざしている。

国際社会に向けられていた「専守防衛」

以上みてきた自衛隊の変容が、三自衛隊「統合運用」と日米「共通戦略目標」の下で変革・再編へと進むかぎり、それまでの防衛政策のよって立つ基盤とされてきた「専守防衛」が放棄の対象になるのは必然の運命といえる。それは「海外出動」の対極にあるシンボルとして、自衛隊の行動に歯止めの役割を果たしてきたのだから、「新三条」「新大綱」「新ガイドライン」の下では生きのびることはできない。「防衛白書」は、いまもって「防衛政策の基本」の一つにかかげているが、これほどしらじらしい言い分もない。

「専守防衛」は、「基盤的防衛力」と対をなす自衛隊の運用原則として、「防衛庁・自衛隊」の看板であり、合憲論の柱とされてきた。〝Strictly defense〟(厳格な防衛)あるいは〝Defensive defense〟(防御的防衛)と訳される。「防衛白書」の記述にこうある。

「専守防衛とは、相手から攻撃を受けたときにはじめて防衛力を行使し、その態様も自衛のための必要最小限にとどめ、また、保持する防衛力も自衛のための必要最小限のものに限るなど、憲法の精神にのっとった受動的な防衛戦略の姿勢をいう。」

その専守防衛という文言がはじめて防衛政策に登場したのは、一九七〇年、中曽根康弘防衛庁長官時代に発表された第一回「防衛白書」においてだった。そこでは次のように説明された。

「わが国の防衛は、専守防衛を本旨とする。専守防衛の防衛力は、わが国に対する侵略があった場合に、国の固有の権利である自衛権の発動により、戦略守勢に徹し、わが国の独立と平和を守るためのものである。(中略)すなわち、専守防衛は、憲法を守り、国土防衛に徹するという考え方である。(中略)自衛隊が出動を命ぜられるのは、わが国に対する直接または間接の侵略に際してであり、したがって、いわゆる海外派兵は行なわない。(中略)(わが国の防衛力は)他国に侵略的な脅威を与えるようなもの、たとえばB52のような長距離爆撃機、攻撃型航空母艦、ICBM等は保持することはできない。」

首相になった後の一九八五年、国連総会で行った演説でも格調高い見識を述べている。

「戦争終結後、我々日本人は、超国家主義と軍国主義の跳梁を許し、世界の諸国民にもまた自国民にも多大の惨害をもたらしたこの戦争を厳しく反省しました。日本国民は、祖国再建に取り組むに当たって、(中略)平和と自由、民主主義と人道主義を至高の価値とする国是を定め、憲法を制定しました。我が国は、平和国家をめざして専守防衛に徹し、二度と再び軍事大国にならないことを内外に宣明したのであります。戦争と原爆の悲惨さを身をもって体験した国民として、軍国主義の復活は永遠にあり得ないことであります。」

日ごろの中曽根氏の言動――軍拡論と改憲論――を知るものは奇異な感じを受けるかもしれない。外向けと内向けの器用な使い分けの印象もある。だが、ともかく専守防衛はこのように国際社会に向けても披瀝されていたのである。

専守防衛から集団的自衛権へ

田中首相が一九七二年の国会答弁で「空中給油機の保有は不可」(一二八ページ参照)としたのも、空中給油機は専守防衛のもとで「保持しうる装備の限界をこえるのではないか」と追及されたためである。「田中三原則」は、敵基地攻撃能力は保持しないとする専守防衛政策の柱の一つだ。おなじ見地から核兵器、宇宙の軍事利用も、認められない、と政府当局は答えた。

その原則が、一九九〇年代の「安保再定義」のなかで少しずつ食い破られていく。そこには九八年以降の〝北朝鮮の核・ミサイル脅威〟で掻き立てられた排外的キャンペーンが影をおとしている。小泉内閣時の石破防衛庁長官や政府首脳の口から「敵基地攻撃論」「先制攻撃容認論」が公然と語られ、専守防衛をつき崩す姿勢にかっこうの口実を与えた。

「やられたらやり返すということ、相手の基地をたたくことは憲法上認められている」とする民主党の前原誠司議員に対し、石破長官は敵基地攻撃能力保有が「検討に値する」と答えている。その後、二〇〇一年決定の「中期防衛力整備計画」において空中給油・輸送機の整備が認められ、空白は、機体配備を待つのももどかしく米軍とのあいだで訓練を実施した（二二七―二二九ページ参照）。その二カ月後には、第二航空団のF-15一〇機が、アメリカのアラスカ州で行われた多国間演習「コープサンダー」に参加するため、空中給油をうけながら太平洋往復飛行を行っている。片道五四〇〇キロの長距離飛行は、東北アジア全域への攻撃能力をみせつけ「敵基地攻撃論」の実体化を誇示した。

年を追って、専守防衛に対する風あたりは圧力を増す。いくつかあげると、

【二〇〇二年四月、「専守防衛」の概念の見直し。経済同友会「憲法問題調査会活動報告書」】

「長距離弾道ミサイルやレーダー誘導型ミサイルの拡散に伴い、昨今では一国の領域に侵入することなく攻撃を加え、甚大な被害を与えることが可能になってきた。また、サイバーテロリズムやその他のテロ行為など、新たな形態の危機に備える必要性も増してきている。このような中、敵対国からの直接的な侵攻・侵略を一義的に想定する我が国の「専守防衛」で、充分に対処できるのかという議論がある。」

【二〇〇三年五月一二日、安倍晋三官房副長官の発言】

「北朝鮮の核武装は日本には悪夢だ。それを今、防ぐ手立ては我々にはない。（中略）専守防

衛は今後とも変わりはないが、兵器がどんどん進歩し戦術・戦略が変わっていく中で、今までの専守防衛の範囲でいいのかということも当然考えていかなければならない。」(読売国際会議2003)

【二〇〇三年六月二三日、「新世紀の安全保障体制を確立する若手議員の会」緊急声明】

「時代に応じた「専守防衛」の考え方を再構築するために、これまでの国会答弁でも容認されているように、我が国に対する攻撃が切迫している場合等、必要最小限の「相手基地攻撃能力」を保有することができるようにすること。」

「「集団的自衛権」についてのこれまでの政府解釈を見直すことを前提に、いかなる場合にそれが行使可能かについての研究を開始すること。」

【二〇〇五年四月六日、日本戦略研究フォーラム「専守防衛に関する提言」】

「国際環境や脅威の様相が大幅に変化し、(中略)「相手から攻撃があって初めて対処する」という専守防衛の考え方では、わが国の防衛を全うできるとは到底考えられず、早急な是正が必要である。

①国の防衛に関する基本方針や防衛大綱などにおいて、「専守防衛」という用語の使用を取りやめること。

②核ミサイル攻撃に適切に対処するため、これを確実に要撃できる体制の整備を推進すると

共に、状況に応じ敵ミサイル基地等を攻撃できる能力・体制を整備すること。

③生物化学兵器、サイバーテロを含むテロ攻撃等に適切に対処するための能力・体制を諸外国、特に米国との協調を重視しつつ整備すること。」

見てのとおり、「議論がある」の段階から、ついには「専守防衛という用語の使用中止」要求にまでいたった。「新ガイドライン」と「周辺事態法」によって点火された自衛隊の変容は、このように、自衛隊合憲論の根幹をも押し倒す勢いで燃えさかっているのである。専守防衛と集団的自衛権は裏表の関係にある。一方が崩れれば他方も命脈を失う。そして、それは憲法第九条の完全な死を意味する。

専守防衛とは――内閣法制局の憲法解釈から導き出される武力行使のかたちであらわすと――「日本領土の死活的危機にさいし、日本人の指揮によって遂行される、日本人の抵抗」ということになろう。この定義に異議を唱える人もいるかもしれないが、自衛隊の存在活動が「個別的自衛権・基盤的防衛力・専守防衛」をよりどころに説明されてきたのは、たしかな事実である。それがいま、雪崩をうって崩れ落ちようとしている。どこへ？　アメリカの戦争への参加、すなわち集団的自衛権の行使へ向かってである。それ以外に方法はないのだろうか。

第IV章
自衛隊のゆくえ

日本国憲法公布記念祝賀都民大会で祝辞を述べる吉田茂首相
(1946年11月3日，写真提供＝共同通信社)

1　誰のための自衛隊か

憲法制定当時の意識

本章では、自衛隊のゆくえ、すなわち安全保障の「あるべき姿」を論じる。それにさいし、まず「原点」と、それがねじ曲げられていった時代の圧力を点検しておこう。「九条維持のもとで、いかなる安全保障政策が可能か」について考えるには、九条から「本来、九条に属さないもの」を取り除くことが必要だからである。「原点」からみていこう。

日本国憲法が施行された一九四七年、文部省から『あたらしい憲法のはなし』という社会科教科書が発行された。中学校一年生用である。すべての漢字にルビがふってある。

「みなさん、あたらしい憲法《けんぽう》ができました。そうして昭和《しょうわ》二十二年《ねん》五月三日《がっか》から、私《わたくし》たち日《に》本国民《ほんこくみん》は、この憲法《けんぽう》を守《まも》ってゆくことになりました。」

こう書き起こされる。その第九条「戦争《せんそう》の放棄《ほうき》」に関する部分。

「みなさんの中《なか》には、こんどの戦争《せんそう》に、おとうさんやおにいさんを送《おく》りだされた人《ひと》も多《おお》いでしょう。ごぶじにおかえりになったでしょうか。それともとうとうおかえりにならなかったでしょうか。また、くうしゅうで、家《いえ》やうちの人《ひと》を、なくされた人《ひと》も多《おお》いでしょう。いまやっと戦争《せんそう》はおわりました。二度《にど》とこんなおそろしい、かなしい思《おも》いをしたくないと思《おも》いませんか。こんな戦争《せんそう》をして、日本《にほん》の国《くに》はどんな利益《りえき》があったでしょうか。何《なに》もありません。ただ、おそろしい、かなしいことが、たくさんおこっただけではありませんか。戦争《せんそう》は人間《にんげん》をほろぼすことです。世《よ》の中《なか》のよいものをこわすことです。だから、こんどの戦争《せんそう》をしかけた国《くに》には、大《おお》きな責任《せきにん》があるといわなければなりません。」

敗戦直後の荒廃した国土と生活のありさまが伝わってくる。どの家庭でも、身辺に「戦争の惨禍」がもたらした、むきだしの破壊のあととつらい記憶が存在していた。

つづけて、教科書は第九条の意義をやさしく説く。

「そこでこんどの憲法《けんぽう》では、日本《にほん》の国《くに》が、けっして二度《にど》と戦争《せんそう》をしないように、二《ふた》つのことをきめました。その一《ひと》つは、兵隊《へいたい》も軍艦《ぐんかん》も飛行機《ひこうき》も、およそ戦争《せんそう》をするためのものは、いっさいもたないということです。これからさき日本《にほん》には、陸軍《りくぐん》も海軍《かいぐん》も空軍《くうぐん》もないのです。これは戦力《せんりょく》の放棄《ほうき》といいます。「放棄《ほうき》」とは「すててしまう」ということです。しかしみなさんは、けっして心《こころ》ぼそく思《おも》うことはありません。日本《にほん》は正《ただ》しいことを、ほかの国《くに》よりさきに行《おこな》ったのです。世《よ》の中《なか》に、正《ただ》しいことぐらい強《つよ》いものはありません。」

そして、この節の末尾は、

「みなさん、あのおそろしい戦争《せんそう》が、二度《にど》とおこらないように、また戦争《せんそう》を二度《にど》とおこさないようにいたしましょう。」

「二度と」「二度と」と、叫ぶように繰り返して結ばれる。この憲法教科書に学んだ当時の生徒たち——かれらは戦時中の教科書を墨で塗りつぶさせられた少年でもあったが——は、おなじ憲法のもとで自衛隊がふたたび海をわたり、また、地域と市民に向けて「武力攻撃事態法」や「国民保護法」などという有事法制が再現しようとは思ってもいなかっただろう。しかし、その孫にちかい世代の自衛官は、イラクに、現在もとどまっているのである。

小林直樹氏の『憲法第九条』(岩波新書、一九八二年)には、

「一九五〇年以後に始まる長く激しい再軍備論争のような議論は、この議会にはまったく見られない。当時の事情を知らない後代の国民からみれば、制憲議会での討議は、意外なほどあっさりしたものであった。(中略)政府の提案理由も、自衛戦争を含む一切の戦争放棄に徹すべきだという考え方も、全体としてかなりすんなりと受けいれられ、この画期的な非武装平和条項は、格別の異論もなく議会を通過して成立するに至ったのである」

と、新憲法が国会と国民にこだわりなく受けいれられた当時の雰囲気が書かれている。

衆議院・憲法改正案特別委員会の委員長だった芦田均(やがて首相になり「再軍備合憲論」を主張するようになる人物だが)は、こう賛成弁論した。

「改正憲法の最大の特色は、大胆率直に戦争の放棄を宣言したことであります。これこそ数

千万の人名を犠牲とした大戦争を体験して、万人のひとしく翹望《ぎょうぼう》するところであり、世界平和への大道であります。我々はこの理想の旗をかかげて全世界に呼びかけんとするものであります。」

やはり、のちに首相となる石橋湛山（この人は終生変わらぬ護憲派であった）は、みずからの雑誌『東洋経済新報』で次のように評した。

「（第九条は）真に重大の事である。従来の日本、否、日本ばかりでなく、苟《いやしく》も独立国たる如何なる国も曾《かつ》て夢想したこともなき大胆至極の決定だ。併《しか》し記者（石橋）はこの一条を読んで、痛快極りなく感じた。近来外国の一部の思想家の間には世界国家の建設を唱導する者があるが、我が国は憲法を以て取りも直おさず其の世界国家の建設を主張し、自ら其の範を垂れんとするものに外ならないからである。」

一九四六年五月二七日付の『毎日新聞』の世論調査は、「戦争放棄」に賛成と答えた者七〇％に対し反対は二八％という数字を報じている。文部省によって『あたらしい憲法のはなし』が編纂されたのは、こうした世情を反映したものだった。公布時の首相吉田茂が衆議院本会議で、「戦争のない国家を想像する魁《さきがけ》として、（憲法第九条という）画期的な条章を設ける」と述べ、「国家正当防衛権の放棄」にまで踏みこんで新憲法の意義を強調したことも、国会議事録は記録している。

「押しつけ憲法論」の事実誤認

改憲論者はいう。現行憲法は占領期に連合国軍総司令部（GHQ）により強制された「押しつけ憲法」である。だから「自主憲法」に改めるのは当然のことだ、と。しかし、史実はそうではない。公布時に首相であった吉田茂自身、「（押しつけ憲法論には）必ずしも全幅的に同意し難い」と、次のように記している。

「最初の原案作成の際に当っては、終戦直後の特殊な事情もあって、可成り積極的に、せき立ててきたこと、また内容に関する注文のあったことなどは、前述のとおりであるが、さればといって、その後の交渉経過中、徹頭徹尾〝強圧的〟もしくは〝強制的〟というのではなかった。わが方の専門家、担当官の意見に十分耳を傾け、わが方の言分、主張に聴従した場合も少なくなかった。（中略）時の経過とともに、彼我の応酬は次第に円熟して、協議的、相談的になってきたことは、偽りなき事実である。」（『回想十年』第二巻、新潮社、一九五七年）

そのことは、吉田回想録に注記されている当時の法制局長官である佐藤達夫氏の記述によってもたしかめられる。それによれば、一九四七年一月三日付「新憲法再検討に関する吉田総理大臣宛のマッカーサー元帥書簡」によって、憲法の自由選択が正式に示唆されたという。その要旨は、

「新憲法実施の経過に照して、一両年中に、これを再検討し、もし必要ならば改正することは全く日本国民の自由であると極東委員会は決定した。従って、さらに必要ならば、日本国民の意思を問うために、国民投票その他の手続をとって然るべきである。つまり、連合国は新憲法が国民の自由なる意思に基いて制定せられた点に、疑惑を残すことを望ましくないと感じているのである。」

極東委員会とは、降伏した日本を管理するためにもうけられた、連合国の最高政策決定機関である。米・英・ソ・中など一三カ国で構成された。佐藤記述によると、改憲のための国民投票許可という極東委員会決定を伝える「マッカーサー書簡」は、憲法施行(一九四七年五月三日)の四カ月前に出されたものである。佐藤長官は「誠に興味ふかいものがあるといえよう」と記しながら、だが、「この発表は格別の反響を生じなかったようである」と述べている。さらに翌四八年にも、鈴木義男法務総裁に総司令部から憲法再検討の示唆があったが立ち消えになったこと、その結果、極東委員会は四九年四月の定例会議で「日本国憲法について新しい指令を出さぬことに決定した」こと、などの事情も伝えている。

このように総司令部は「憲法をもう一度自由に改正してもいい」といったのである。その気になれば憲法改正の「国民投票」は一九四八年にできた。黙殺したのは日本政府のほうだった。古関彰一氏は『新憲法の誕生』(中公文庫、一九九五年)で、この事実を指摘しながら、

「それにしても「押しつけ憲法」論が、なぜこれほどまでに戦後三〇年以上にもわたって生き延びてしまったのであろうか。憲法改正の機会はあったのである。与えられていたのである。その機会を自ら逃しておきながら、「押しつけ憲法」論が語りつがれ、主張されつづけてきたのである」と「押しつけ憲法」論者の事実誤認をきびしく批判している。

政府が「憲法再検討」に消極的だった理由は、国民がそれを望まなかったからであるのはいうまでもない。大多数は憲法を「押しつけられた」とは思っていなかった。言論の自由、女性の政治参加、戦争の放棄を心から歓迎した。だから改正を提案すれば国民投票で敗れ、政権を失う。そのことを熟知していたゆえに、政府は、改憲に向けた国民投票を容認する「マッカーサー書簡」に反応しなかったのである。国民が新憲法を支持したのは、たとえ制定過程に占領軍の関与があったにせよ、盛り込まれた内容に大きな希望をもったからであろう。またそこには明治の自由民権思想に源流を発する「民間草案」などが反映されていた。吉田の回想にある「わが方の専門家、担当官の意見に十分耳を傾け」という言葉にも、それはうかがえる。その経緯も『新憲法の誕生』に詳述されている。こうした事情を知れば、占領下にあったとはいえ、新憲法は形式、内容ともかなり自主的に選択されたとしてさしつかえない。今日、改憲の「国民投票」を主張する人は、これらの事実に口をぬぐっている。

「時代の大うそ」としての再軍備

さらに事実の流れをたどると、じつは「自衛隊創設」のほうこそ〝押しつけ〟であったことがわかる。皮肉なことだが、こちらも連合国軍総司令部最高司令官マッカーサー元帥からの「書簡」(一九五〇年七月八日付)に由来している。冷戦の東アジアへの波及が、占領軍の政策に転換をもたらしたのである。のちに自衛隊へと成長していく「警察予備隊」は、「マッカーサー書簡」という命令をもって、その二週間前(六月二五日)に発生した朝鮮戦争を契機に、まぎれもなくとつぜんに〝押しつけ〟られた。当時、国家地方警察本部総務部企画課長の職から転じて警察予備隊創設にたずさわった海原治《かいはらおさむ》(のち防衛庁官房長、国防会議事務局長)は、「(マッカーサー書簡は警察予備隊設置を)「許可《オーソライズ》する」というが、こちらは要請なんかしていない。知らない人が後から読むと、日本の方がお願いしていて、それを総司令官が許可した、と取ってしまうだろうが、そうではない」と語っている(「新国軍の誕生と歩み」『THIS IS』一九八九年一〇月号)。

だから隠蔽工作が必要だった。「マッカーサー書簡」で「国家警察予備隊」七万五〇〇〇人の創設が命じられた二日後、極東米軍総司令部が作成した「警察予備隊創設計画」は、憲法第九条と矛盾しないよう再軍備は秘密裏に行え、と指令している。

「日本の軍隊は解体し、さらに日本憲法は国際紛争を解決する手段としての武力の行使を禁止している。(したがって)いかなる公表目的にせよ(警察予備隊創設は)軍事的ないし準軍事的部隊とみなされ、内外に波紋を招くので、(作業は)カバー・プラン(偽装工作)のもとで開始されなければならない。」

「警察予備隊は、累進的に装備、訓練し、終局的に四個の大部隊に統合されるべきである。結局は日本の歩兵型師団となる。」

「警察予備隊は(警察と)別個の存在として機能すべきである。ただし、(軍創設の)目的をカバーするため、必要なかぎりの長期間(警察との連携を)利用することは別である。」

この〝偽装軍隊〟の創設にあたった責任者の一人である米軍事顧問団幕僚長フランク・コワルスキー大佐(のち連邦下院議員)は、次のように回顧している(勝山金次郎訳『日本再軍備』中公文庫、一九九九年)。大佐は、忠実に任務を果たしながらも、平和憲法との矛盾に少し悩んでいる。

「私の個人的な感情としては、日本が再軍備されることは少し悲しいことであった。ところが(憲法に盛られた)いまや人類のこの気高い抱負は、粉砕されようとしている。アメリカおよび私も、個人として参加する「時代の大うそ」が始まろうとしている。これは、日本の憲法は文面通りの意味を持っていないと、世界じゅうに宣言する大うそ、兵隊も小火器・戦車・火砲・ロケットや航空機も戦力でないという大うそである。人類の政治史上恐らく最大の成果ともいえる一国の憲法が、日米両国によって冒瀆され蹂躙されようとしている。」

このような偽装工作をともないながら、憲法第九条の形骸化がはじまったのである。今日の自衛隊も、また、〝日米同盟〟とよばれるにいたった日米安保体制も、ここにはじまる憲法違反の延長線上にある。にもかかわらず改憲論者は〝押しつけ再軍備〟のほうには目をつぶる。また、公布ののち占領軍から与えられた憲法改正の機会をみずから放棄したことも無視して、なお〝押しつけ憲法〟のレッテルに固執して事実を直視しようとしない。不当を鳴らすまえに、まず、これらの歴史的経緯と対面し、安直な議論に終止符を打つべきであろう。

史実に明らかなとおり、日本も、西ドイツ(当時)とおなじように憲法(基本法)を改正して再軍備することができた。にもかかわらず、そうしなかった。政府は、国民多数が第九条を支持していることをわきまえていたからである。だが、朝鮮戦争が起きると、政策転換した占領軍の指令により、「およそ戦争をするためのものは、いっさいもたない」と誓った憲法の下での再軍備が動きだす。一九五二年、『あたらしい憲法のはなし』は、教室から消えた。その年、陸上部隊だけだった警察予備隊が、「海上警備隊」を加え「保安隊」に改編された。さらに五四年には、航空部門ももうけられて「陸・海・空自衛隊」が誕生する。

自衛隊創設過程におけるこのねじれが、「一九五〇年以後に始まる長く激しい再軍備論争」(小林直樹、前掲書)のもととなったのは当然だった。九条をめぐる議論が〝神学論争〟などと称されるいわれはない。論争は最高法規をねじ曲げる権力の濫用に対する、具体的であたりまえの異議申し立てであった。戦後生まれの安倍首相が「戦後レジームからの脱却」をいうのであれば、なによりさきに、史実をすりかえた保守政権の不誠実さと、創設時から自衛隊に遺伝形質として受けつがれてきた従属的な対米関係のルーツのほうが直視されるべきだろう。

自衛隊は、アメリカの冷戦政策の下で、国民の必要性認識と同意なしに、すなわち「何のための組織か」という「建軍の本義」なしに創設された。その体質は、以後も変わらない。

米軍を師として〝反共の軍〟へ

一九五二年四月、「サンフランシスコ平和条約」が結ばれた。これで六年八カ月に及んだ日本の占領状態は解かれた。だが、おなじ日に調印された日米安保条約(旧安保)により、「警察予備隊」は「保安隊」(陸)と「警備隊」(海)に強化・改編され、再軍備の段階を一歩進めた。安保条約の前文で「日本国が、直接及び間接の侵略に対する自国の防衛のため漸増的に自ら責任を負うことを期待する」と防衛力強化を約束させられていたからである。あわせて「占領軍」から「駐留軍」に名称変更した在日米軍が、基地の大部分を継続して使用することも認められていた。再軍備と安保条約は、西側諸国とのみ講和条約を結び独立を回復する「単独講和」の条件、つまりは対米公約であった。ここから「日米安保の時代」がはじまる。

政府は、保安隊と憲法第九条の関係について、警察予備隊時代の「純然たる治安組織」という見解を改め、次のような合憲論を展開した(吉田内閣統一見解、一九五二年一一月二五日)。

一、憲法第九条第二項は、侵略の目的たると自衛の目的たるとを問わず、「戦力」の保持を禁止している。

一、右にいう戦力とは、近代戦遂行に役立つ程度の装備、編成を具えるものをいう。(中略)

一、保安隊および警備隊は戦力ではない。これらは保安庁法第四条に明らかな如く、(中略)その本質は警察上の組織である。従って戦争を目的として組織されたものではないから、軍隊でないことは明らかである。また客観的にこれを見ても保安隊等の装備編成は決して近代戦を有効に遂行し得る程度のものでないから憲法上の「戦力」に該当しない。

このように警察予備隊時代の合憲解釈は微調整された。警察力より上ではある。それでもまだ、「人命及び財産を保護するため特別の必要がある場合において行動する部隊」(第四条)でしかない。保安隊に近代戦の遂行能力はないので、戦力にはあたらない、とする解釈である。しかし、この見解も、わずか二年しかもたない。

一九五四年に「自衛隊」が創設されると、航空自衛隊のジェット戦闘機を含め、「近代戦遂行能力」を持つことは、誰の目にも隠せなくなった。そこで、

「政府は、昭和二九年一二月以来は、憲法第九条第二項の戦力の定義といたしまして、(中略)近代戦争遂行能力という定義はやめております」と戦力定義の再修正が打ち出された(吉

國法制局長官答弁、参議院予算委員会、一九七二年一一月一三日)。

そして、これまでの定義にかわって「戦力とは自衛のための必要最小限度を超えるもの」であり、自衛を超えない範囲であれば憲法の禁止するところではない、という解釈の台頭。それによって「自衛隊は合憲」の解釈に落ちつくのである。この二転三転する政府の戦力定義のほうこそ、現実から逃避し遊離した観念論の弄《もてあそ》びという意味で〝神学解釈〟の名にあたいする。

とはいえ、陸海空の三部門からなる自衛隊に成長したことにより、安保条約の下での対米軍事協力は実質的な内容を帯びてくる。一九五五年から、海上自衛隊と第七艦隊とのあいだで「掃海特別訓練」が、五七年からは「対潜特別訓練」が定期的に実施されるようになる。自衛艦隊は米極東海軍の「対潜部隊」に位置づけられた。想定対象は、ソ連太平洋艦隊および米軍と北朝鮮軍が休戦状態のままにらみ合う朝鮮半島であった。そして一九六〇年に安保条約が改定され「相互協力」と「共同防衛」が日米の共通基盤になると、極東における冷戦構造を背景にして、憲法と安保との相剋は、抜きがたいものとして定着する。

「近代戦遂行能力」を得た自衛隊は、世界最強のアメリカ軍に学びつつ〝反共の軍隊〟としての性格をあらわにしていく。朝鮮戦争再発を前提にした秘密作戦がひそかに策定された。「ガイドライン」や「周辺事態法」のなかったこの時期、いっさい表に出されることはなかった。しかし「三矢研究」(一九六三年)や「フライング・ドラゴン作戦」(一九六四年)、「ブル・ラン作戦」(一九六六年)のように国会などで暴露された秘密演習の例があり、それによって、安保協力がひさしい以前から海外戦争を想定しつつ動いていた事実にふれることができる。

「三矢研究」の遺産

「三矢研究」(正式名称「昭和三八年度統合防衛図上研究」)は、「朝鮮有事」対処の図上作戦研究である。一九六三年、統合幕僚会議の実施計画にもとづき、統幕事務局長の田中義男陸将(旧軍時代、国家総動員業務に従事した)を統裁官として五四人の制服自衛官が参加、約五カ月間に及んだ。その全貌が、社会党(当時)の岡田春夫議員により六五年二月一〇日の衆議院予算委員会で暴露された。内容のみならず、文民統制をめぐってもはげしい議論となる。佐藤栄作首相は、「私は、ただいまのようなことは絶対に許せないことだ、かように考えます。(中略)かような事態が政府の知らないうちに進行されている、これはゆゆしきことだと思います」と驚愕と狼狽を隠さなかった。

この文書を、今日あらたな目で読みかえしてみると、アメリカが準備していた朝鮮戦争のシナリオと、それにかかわる自衛隊の後方支援態勢確立、米軍指揮下の「日米共同作戦調整所」設置が、そのころから安保協力の柱だったことがわかる。後方支援は、九九年の「周辺事態法」に自衛隊の本来任務として規定された(五一—五三ページ参照)。「共同作戦調整所」は、新ガイドラインにもられた「調整メカニズム」(四七ページ参照)や「米軍再編」で合意された「共同統合運用調整所」(一五四ページ参照)の原形であろう。また、自衛隊制服組が「朝鮮有事」のさい日本への核持込みを検討していたことも、「日米想定問答」とともにリアルに浮かび上がる。

全文四一九ページ。「極秘」のスタンプが随所におされた三矢研究は、初期状況を次のように設定する。

「昭和三×年七月一九日夕刻、突如中共空軍機を含むと思われる北(朝)鮮側の戦爆大編隊が韓国の主要空軍基地及び都市を奇襲攻撃し、夜半に入って北(朝)鮮側地上軍は軍事境界線の全線にわたり攻撃を開始した。」

ここから「基礎研究」として、①非常時における関係官庁の連携、②武力行使の基準、③在日米軍司令部との連携が研究される。「状況下研究」では、①非常事態においてとられるべき国家施策の骨子、②自衛隊のとるべき措置が対象となる。

そこでは「非常事態措置諸法令」や「戦時諸法令」の緊急制定が検討され、人的動員、物的動員および経済統制、報道統制に必要な法律として七七—八七件があげられた。ほとんどが「国家総動員法」下に制定された戦前・戦中期の法令・勅令など田中陸将の〝むかしの仕事〟を引きうつしたものである。具体的には、徴兵制導入のほかに、労働徴用と物資徴発、防諜法の制定、軍法会議の設置、軍事費の確保などが提案されている。「内閣総理大臣の権限強化」「国民世論の善導」「自衛隊の行動に適応する地方行政機構の整備」「防衛物資生産工場におけるストライキ制限」といった中央集権、人権制限の文字もみえる。

あまりにおどろおどろしく、にわかに信じがたいシミュレーションだが、これら措置のうち、こんにちでも政府が明確に「できない」と排除しているのは、徴兵制の導入など、ごくかぎられたものにすぎない。程度のちがいはあっても、二〇〇三年と二〇〇四年に制定された「武力攻撃事態法」「国民保護法」「特定公共施設利用法」「米軍支援法」などに、〝三矢モデル〟が採り入れられている。二〇〇七年六月には情報保全隊による市民運動監視も暴露された（一三ページ参照）。その意味で、三矢研究の遺産は、国家総動員法の残光をともないながら、なお生きているといえる。そのことについては、あとにみることにしよう（一八八―一九二ページ参照）。

脈々とつづく「朝鮮有事」のシナリオ

では、「朝鮮有事」に自衛隊はどう動くか。それは三矢研究とおなじ時期に米太平洋軍と防衛庁による共同研究「フライング・ドラゴン作戦」（一九六四年）、「ブル・ラン作戦」（一九六六年）で具体的なシミュレーションがなされている。「北朝鮮軍の三八度線突破」が状況開始の発端である。同時並行して、「中国が台湾解放に動く」ことも設定されている。

・自衛隊の地上兵力は、日本本土に明確な攻撃が加えられるまで、対敵攻勢の勢力となることはない。
・自衛隊の航空勢力および海上勢力は、米軍の「他地域」に対する補給作戦の支援任務に当たるものとする。
・自衛隊空軍は、全勢力の五分の四を中国、九州地方に集中する。残余五分の一は北海道及び裏日本における索敵に従事する。
・自衛隊海上勢力は瀬戸内海を集結海域とする。九州北方水域については一〇区域に分け海上自衛隊艦艇及び航空自衛隊がパトロールする。同南方海域は米第七艦隊の統制下に入る。
・自衛隊陸軍の総兵力の五分の三は九州の朝鮮海峡方面の海岸線に集結、補助兵力は米海兵師団が行う。
状況が進んで、本格的な戦闘状態に突入すると、
・日米の最高司令部は以後の作戦を合同で協議するが、指揮権については米側に所属するものとし、(米軍が)作戦の統制を行う。
・自衛隊は攻撃態勢に入っても、その戦闘区域は自衛権の範囲より出ることはない(ただし範囲については限定せず)。
このように米軍指揮のもと、自衛隊部隊の国外出動が暗示されている。

この秘密作戦研究を、岸首相が安保国会で述べた自衛隊の「領域外行動」や「極東の範囲」についての答弁(四三―四四ページ参照)と比べると、国民に知らされた安保協力の建前と現実の運用が、いかにかけ離れているかがわかる。さらに重要なことは、このシナリオが、その後の情勢変化のなかで修正を重ねつつ、なお生きつづけている事実である。その一端は、「ウィニー流出情報」(第Ⅲ章2参照)ですでにみた。また、半田滋著『自衛隊vs北朝鮮』(新潮新書、二〇〇三年)には、一九九三年、統合幕僚会議がひそかに作成した機密文書「K半島事態対処計画」の内容があかされている。そこでは、

「Y(北朝鮮)のNPT(核不拡散条約)脱退という状況に鑑み、今後K(朝鮮)半島で生起することが予想される情勢に関し、自衛隊が実施すべき対応について研究する」として、一二項目の検討課題があげられている。

その検討課題とは、情報活動の強化、警戒態勢の強化、黄海―日本海における経済制裁、西日本地域におけるTMD(戦域弾道ミサイル)対処、在C(韓国)邦人のエバキュエーション(避難)、多国籍軍兵士の救難、在A(日本)のB(米国)軍に対する後方等の支援、SLOC(海上交通路)の防護、などである。いずれも「三矢研究」以下、六〇年代秘密研究の発展型だといえる。同時に、やがてあらわれる「周辺事態における諸活動」や「船舶検査活動法」(五七―六一ページ参照)につながる「新ガイドライン」協力の予告ともなっている。

「核持込み」容認

「三矢研究」では、日本への核兵器持込みも検討対象になっていた。この問題も、完了した過去ではない。沖縄への「核兵器再持込み」は、返還協定交渉時の「佐藤・ニクソン密約」によって、〝緊急時の再持込み〟が約束されており、いまも有効な時限爆弾である。原子力空母が横須賀に常駐すれば、おなじおそれが生じる。

核持込みのテーマは「状況下の研究No 12」で詳細にあつかわれる。その一部を抜きだすと、

・外交及び安保条約運用に関する事項

一、(省略)

二、日米安全保障条約の運営の基本を次のとおりとする。

・米国の朝鮮作戦に対する支援は、従来どおりの積極方針を堅持する。

・我国に対し武力攻撃が生起した場合は、米軍からなしうる限り最大の支援を確保する。

・条約第六条の実施に関する交換公文による事前協議については、米軍の要請があった場合は、核兵器の我国への持ち込みを除いては、全面的に包括承認を与える。ただし公文による事前協議事項についてはその都度通知を求める。

・将来核兵器の日本持ち込みが、ただちに必要な情勢となった場合は、持ち込まれた核兵器

の使用に関しては事前に必らず日米両国政府の完全なる合意を必要とする条件のもとに承認する予定である。

それにつづく、「条約第六条による事前協議事項の包括承認について」では、以下の評価がなされている。

• 核兵器の持込みについては、きわめて重大な問題であり、即時報復優勢の堅持という見地からすれば、国内持込みが有利な条件となることは論をまたないであろう。従って持込みは将来真に情勢上必要になった場合にはこれを認める肚《はら》は固めておくが、持込みの条件としては、日本に持ち込んだ核の使用に関しては、使用するかしないかの問題を含めて、日米両政府の完全なる合意を得ることを条件としている。

以上のように、核持込みに関して原則容認である。これを受けた「基礎研究-四　第三　日本防衛のための日米共同の作戦」にある「核使用の問題」では、

• 全面戦への発展の危険性、わが国の国是、国民感情等から米軍の核使用は、なしうる限り回避することが望ましい。

　これがため、日米協同の作戦は在来型の戦争指導によることを基本とし、核兵器の日本への搬入、あるいは核使用に当たっては、日本側と事前に十分な協議を行なう如くすべきであろう。但し核威嚇により、敵の使用を抑制し、わが戦争指導を有利ならしめる心理的

手段としては最大限にこれを利用すべきであろう
と、日本政府の承認を前提としながらも、
・戦術的核使用は使用の時機、目標、範囲等を限定し、適切を期しうれば、全面戦への発展を回避しうる可能な場面も相当あろうと判断される
と、核による威嚇と使用を是認している。さらに「状況下の研究No11」には、日米安保協議委員会における核持込み協議の流れを予測しつつ、「日米双方の対処方針を比較し、以下の重要問題点について日米相互の見解を述べ、行動方針を検討し、思想の統一をはかった」として、日米当事者による、次の〝想定問答〟が記載されている。
・日本防衛のための核使用について
米国側　米側としては、日本防衛のためのみならず、全面戦の抑制、敵の仕様に対する即時報復等のため、直ちに日本に対して核兵器を配置し、また真に必要ある場合は、これを使用することについて承認を求めたい旨提案された。
日本側　将来情勢に応じ真に必要と認める場合は、核兵器の持込みに同意する。ただし、その持込み及び使用は、日米両国政府の完全な同意を条件とする旨回答した。
米国側　敵の能力から現在日本に対し、随時核攻撃を行なうことが可能であり、そのおそれは皆無とはいえない。米国側としては、先制攻撃はこれを実施する意図はないが、万

一敵側が使用した場合の即時報復のために現態勢は必ずしも我に有利とはいえない。敵の侵攻を抑制し、ひいては全面戦を抑制するために是非日本配置したい旨重ねて強調した。

日本側　日本の国内情勢が核兵器の持込み(については)機未熟であるし、また共産側を刺戟し、侵略の口実を与えることとなしとしないので、漸次情勢を見守りたい旨回答した。

米国側　全面的に納得するに至らず、今後総理大臣及び大統領間の政治折衝に持ち込まれることになった。

たしかに、制服レベルの協議では日本側は核持ち込みに全面同意はしていない。だが、「政治折衝」の結果を楽観しているように受けとれる。実際、その後の「沖縄返還交渉」のさい、「総理大臣及び大統領」が核持込み・配備の密約を交わしたことは、いまでは広く知られている(西山太吉『沖縄密約』岩波新書、二〇〇七年、若泉敬『他策ナカリシヲ信ゼムト欲ス』文藝春秋、一九九四年など)。また、ブッシュ政権の「核態勢見直し」論をみれば(一三三―一一四ページ参照)、それがリアルな現実だということもわかる。けっして昔話などではない。

軍事大国への道

以上のように、はじめ〝警察力の予備〟に偽装された「日本の歩兵型師団」は、創設からわずか四年後の一九五〇年代中期には、すでに三軍そろった「近代戦遂行能力」を持つ実質的な

「軍隊」に成長していた。のみならず「三矢文書」などから、一九六〇年の安保条約改定ののち自衛隊の戦力は、アメリカのアジア地域戦争の補完戦力として在日米軍基地とともに冷戦構造にしっかりと組み込まれていた事実が浮かびあがる。同時に、安保協力の進行は、憲法秩序の外に「安保特例法」という治外法権的な法体系をはびこらせることにもつながった。在日米軍の行動と基地活動に特権を認める、刑事特別法、民事特別法、MSA秘密保護法などである。やがてそれは〝思いやり予算〟という安保条約にさえ根拠をもちえない「接受国支援」の大盤振る舞いとなってふくらんでいく。二〇〇七年度の〝思いやり〟の提供額(今では「特別提供予算」とよばれる)は二〇一七億円である。

そのかたわらで、〝ソ連海軍の脅威〟を大義名分とした「マラッカ海峡防衛論」がキャンペーンされ、「シーレーン防衛」のもと自衛隊の海洋戦力が拡充された。「防衛白書」に「専守防衛」をかかげつつ、かげでは朝鮮・台湾有事を想定した秘密作戦が立案されたばかりでなく、「必要最小限度の自衛力保持は合憲」の自由解釈により、「国際情勢の変化」や「科学技術の発展」を理由とした、兵器・装備の近代化(空中給油機や〝空母〟建造)、さらには海外派遣部隊が携行する兵器のエスカレーション(一一〇ページ表Ⅱ-3参照)もたえまなくつづいた。

防衛関係費の上昇カーブにも、六〇年代以降の自衛隊増強の跡がよく示されている。警察予備隊の初年度予算(一九五一年度)は三一〇億円だった。六〇年の安保改定の年、まだ一五六九億円にとどまっていた。それが六〇年代に急増しはじめ、七四年度になると一兆円をこえ、七九年度には二兆円台に、八五年度には三兆円に達した。冷戦終結後、右肩上りはやんだとはいえ、目にみえて縮小することはなかった。二〇〇七年度の防衛関係費は四兆七八一八億円。世界有数の軍事大国となる実態は第Ⅲ章3でみた。

防衛費急増の要因にアメリカの圧力があったのはいうまでもない。一九五八年から七六年代にかけて四次一八年にわたった「防衛力整備五カ年計画」は、〃倍々ゲーム〃と形容された。五年ごとに倍増するからである。一次防（一九五八―六〇年）六四一五億円、二次防（一九六二―六六年）一兆三七〇〇億円、三次防（一九六七―七一年）二兆三四〇〇億円、四次防（一九七二―八一年）四兆六三〇〇億円。そのとおりになっている。六七年から七九年までの一三年間、防衛関係費は連続して二桁の伸びを記録した。前年比二一％増の年（一九七五年）もある。日本が高度成長期のさなかにあったので国内的にはさほど目立たなかったものの、周辺諸国に異常な軍拡と映っていたとしても不思議はない。

このところ〃中国脅威論〃が盛んだが、その根拠にあげられる中国の軍事費の伸び（一九年連続して二桁増）と海洋進出にしても、日本の〃倍々ゲーム〃に刺激された面を無視してはならないだろう。少なくとも先に乗りだしたのは日本のほうだった。中国の軍事費増加は、日本より一〇年ほどあとからはじまった。「シーレーン防衛」による海上自衛隊の増強と外洋活動、アメリカの主導する「リムパック演習」(環太平洋合同演習)への参加(一九八〇年―)が引き金になった可能性も否定できない。軍備競争のシーソーゲーム――「安全保障のジレンマ」が、ブーメランのようにもどってきた、あるいは、空母保有をめぐる建艦競争にエスカレートした、そうみることもできる。

それらの長年にわたる軍拡の累積が、一方では、序章でみた「防衛省」と第Ⅰ章2でみた「新ガイドライン」という枠組みに結実し、他方で部隊運用の面にもあらわれて、「海を渡る自衛隊」(第Ⅱ章)と「統合運用」(第Ⅲ章1)そして「集団的自衛権へのかぎりない接近」につながるのである。憲法と安保・自衛隊の相剋は、このように長い道筋をたどりながら、今日の「現実にそぐわないので憲法をかえよう」とする〝改憲潮流〟にいたったのだといえる。

国家秘密法の復活

「三矢研究」が国会で爆弾質問されたとき、佐藤首相は怒りを隠さなかった。だが、答弁はやがて、「自衛隊が軍事侵略を受けたときの研究をするのは当然」に変わり、最終的には「機密文書管理の不備」を理由に関係者二六人の行政処分だけでおさめてしまった。違法な戦争計画をとがめるのではなく、〝秘密の漏洩〟のほうが問われたのである。これをきっかけとして、自民党右派を中心とする勢力から「国家秘密法」の制定が叫ばれるようになる。七〇年代以降、

〝スパイ天国・日本〟のキャンペーン（日本は秘密に関する危機管理が手薄で、他国に情報が流出しているといった言説が広められた）の下、執拗に法制化をめざした。しかし、戦前期存在した「国防保安法」への国民の拒否感情は根づよく、そのつど、「言論の自由を脅かす」、「情報公開の流れに逆行する」という世論の強い批判にあい成功しなかった。八〇年代、中曽根内閣は二度にわたり、「国家秘密に係るスパイ行為等の防止に関する法律案」「防衛秘密に係るスパイ行為等の防止に関する法律案」を提案したが、どちらも廃案に終わった。自民党内にさえ、反対・消極意見が少なからずあった。

ところが、9・11事件のあと、「テロ対策特別措置法」を審議した二〇〇一年の国会で、自衛隊法に「防衛秘密」条項を追加する改正案がとつぜん上程・採択されたのである。中曽根内閣時代に廃案となった法案の「防衛秘密」にあたる条文が、ほぼそのまま抜きだされ自衛隊法に移しかえられた。唐突な、しかも「テロ特措法」と、なんの関連もない便乗改正であった。しかし、両法案が一括審議に付されたため、野党の関心はもっぱら自衛隊のインド洋派遣に向けられ、三週間六〇時間の審議期間中、「防衛秘密」について論議されたのは、わずか二時間ほどでしかなかった。こうして古くからくすぶっていた「国家秘密法」は、〝テロとの戦い〟という名分を得て、「自衛隊法改正案」に盛り込まれ、可決された。あらためられた自衛隊法第九六条の二に次の条文がある。

「防衛大臣は、自衛隊についての別表第四に掲げる事項であって、公になっていないもののうち、我が国の防衛上特に秘匿することが必要であるものを防衛秘密として指定するものとする。」

別表には、指定される防衛秘密が、

一　自衛隊の運用又はこれに関する見積り若しくは計画若しくは研究
二　防衛に関し収集した電波情報、画像情報その他の重要な情報
三　前号に掲げる情報の収集整理又はその能力
四　防衛力の整備に関する見積り若しくは計画又は研究
五　武器、弾薬、航空機その他の防衛の用に供する物の種類又は数量
六　防衛の用に供する通信網の構成又は通信の方法

など一〇項目にわたり例示されている。

違反者に対する罰則は次のように規定されている。

「第一二二条　防衛秘密を取り扱うことを業務とする者がその業務により知得した防衛秘密を漏らしたときは、五年以下の懲役に処する。防衛秘密を取り扱うことを業務としなくなった後においても、同様とする。」

秘密概念のあいまいさ、網羅性にとどまらず、処罰対象が「防衛秘密を取り扱うことを業務

とする者」まで拡大されたことに注意しなければならない。当局の一存で、自衛隊員だけでなく公務員から防衛産業の経営者・従業員まで広く処罰対象に取りこみうるのである。「共謀し、教唆し、又は扇動した者」への捜査が、自衛官や防衛産業関係者を取材する報道関係者に適用されない保障も、条文上は確保されていない。

二〇〇七年二月、防衛省情報本部で電波情報収集部門の課長の地位にあった一等空佐が、読売新聞記者に内部情報を漏らした疑いで自衛隊警務隊から強制捜査を受けた。南シナ海で起きた中国潜水艦の火災に関する報道が自衛隊法違反にあたるという容疑である。このケースでは取材した側は、捜査対象になっていない。しかし、このような事実報道が「秘密漏洩」になるのであれば、公式発表のほかはすべて内部情報ということになり、国民の「知るべき情報」は防衛省の恣意に任されてしまう。いつ、捜査や罰則が報道関係者に、また、国民全体に降りかかっても不思議でない。「ウィニー情報流出」はじめ、自衛官による秘密情報漏洩が最近盛んに摘発されるのは、根本に、隊内規律のゆるみや情報管理のルーズさがあるとしても、「秘密保護」の網が、国民全体にかぶさってくる流れを予感させる。二〇〇七年六月に発覚した情報保全隊による市民運動監視活動（一三ページ参照）について、久間防衛相が国会で述べた「自衛隊の行動、組織、（秘密）保全に関することなら、あらゆる団体を調査しても違法とはいえない」（参議院外交防衛委員会、二〇〇七年六月二〇日付）という言葉とともに銘記しておく必要がある。

「有事」の本質とは

「非常事態措置諸法令」と「戦時諸法令」。これも「三矢研究」の重要テーマだった。その亡霊が「新ガイドライン」の下でよみがえったのが、新規立法された一〇の「有事法制」だ。

二一世紀の国会は、二人の首相による〝有事法制宣言〟によってはじまった。二〇〇一年一月三一日森喜朗首相が施政方針演説で、歴代首相中はじめて法制化に言及した。それは周辺事態法―テポドン―不審船さわぎへとつづく世相のさなかであった。

「有事法制は、自衛隊が文民統制の下で、国家、国民の安全を確保するため必要であります。先般の与党の考え方をも十分に受け止め、検討を開始してまいります。」(二〇〇一年一月三〇日)

二〇〇二年四月、小泉首相が登場すると、法制化への意欲はさらに加速される。

「『治にいて乱を忘れず』は政治の要諦であります。私は、いったん、国家、国民に危機が迫った場合に、どういう体制をとるべきか検討を進めることは、政治の責任と考えており、有事法制について(中略)検討を進めてまいります。」(所信表明演説、二〇〇一年五月七日)

「いったん国家、国民に危機が迫った場合に、適切な対応を取り得る体制を平時から備えておくことは、政治の責任です。『備えあれば憂いなし』、この考えに立って、有事法制について検討を進めてまいります。」(所信表明演説、二〇〇一年九月二七日)

「テロや武装不審船の問題は、国民の生命に危害を及ぼし得る勢力が存在することを、改めて明らかにしました。「備えあれば憂いなし」。平素から、日本国憲法の下、国の独立と主権、国民の安全を確保するため、必要な態勢を整えておくことは、国としての責務です。(中略)有事に強い国づくりを進めるため、(中略)有事への対応に関する法制について、取りまとめを急ぎ、関連法案を今国会に提出します。」(施政方針演説、二〇〇二年二月四日)

「有事」とは、法律概念としてもとからあるものではない。戦力＝実力、歩兵＝普通科、空母＝護衛艦とおなじく、本質をぼかして実をとる防衛庁(省)独自の〝言い換え用語〟である。旧憲法や国家総動員法にある言葉づかいにしたがえば「戦時又ハ国家事変」(大日本帝国憲法第三一条)、「戦時(戦争ニ準ズベキ事変ノ場合ヲ含ム)」(国家総動員法第一条)と理解すべきだろう。日本国憲法に「国家非常事態」や「国家緊急権」を規定した条文はない。戦時法制を受け入れる法的基盤は皆無だ。

防衛庁の説明によれば、有事の定義は次のようになる。

「「有事」は法令上の用語でないためその意味は必ずしも一義的ではないが、防衛庁が昭和五二(一九七七)年に着手した「有事法制研究」は、自衛隊法第七六条の規定により防衛出動を命ぜられるという事態において、自衛隊がその任務を有効かつ円滑に遂行する上での法制上の問題点の整理を目的としており、この意味では、「有事法制研究」における「有事」とは、防衛

出動が命ぜられるという事態ということになる。」(平成一四年度予算案審議に関する政府回答文書)

しかし、すぐみるとおり、有事＝防衛出動のみではない。もっと広く適用される。

「有事法制研究」は、一九七七年八月、福田内閣の時代、三原朝雄防衛庁長官の指示で開始された。「日米防衛協力の指針(旧ガイドライン)」がはじめて作成された(一九七八年)のと同時期である。防衛庁公表文(一九七八年九月二一日)は、次のように述べている。

• 研究の対象は、自衛隊法第七六条の規定により防衛出動が命ぜられるという事態において自衛隊がその任務を有効かつ円滑に遂行する上での法制上の諸問題である。

• 問題点の整理が今回の研究の目的であり、近い将来に国会提出を予定した立法の準備ではない。

• 現行憲法の範囲内で行うものであるから、旧憲法下の戒厳令や徴兵制のような制度を考えることはあり得ないし、言論統制などの措置も検討の対象としない。

• 今回の研究の成果は、ある程度まとまり次第、適時適切に国民の前に明らかにし、そのコンセンサスを得たいと考えている。

そこでは、あくまで「現行憲法の範囲内」での作業であること、また「外部からの武力攻撃に際して」の対処であること、さらに「研究」であって法制化の意図はない、と強調された。

その後、進展状況につき八一年四月と八四年一〇月に中間報告が発表されたが、この間、国会における論議は散発的な質疑がなされたていどで、有事法制論議は以後二〇年間、封印された状態にあった。

だが、一九九七年九月、日米間で共同作戦の基盤となる「新ガイドライン」が合意され、実効性を確保するための国内法「周辺事態法」が九九年五月に成立すると、「有事法制研究」は日米同盟のあらたなよそおいの下で法制化へ動きだす。新ガイドラインに、周辺事態における自衛隊の「対米後方地域支援」任務が新設されたためである。それとともに新ガイドライン別表は、米軍による「民間空港・港湾の一時的使用」はじめ輸送・医療・給水など広範な「地方公共団体と民間企業」の協力事項も盛り込んでいた。これを受け周辺事態法第九条には、地方自治体と民間に対する国の指示権が規定された（六一―六三ページ参照）。米軍・自衛隊一体となった新活動は、地域と民間にあらたな戦争基盤をつくりだし、協力体制を整備してはじめて成り立つ。それが二人の首相の施政方針演説に反映されるのである。

「武力攻撃事態」と首相の戦争権限

「有事関連法案」は、二〇〇二年国会に「武力攻撃事態法案」「国家安全保障会議設置法改正案」「自衛隊法改正案」の三法案として提出された。核心となるのは「武力攻撃事態法案」である。そこに盛られた「武力攻撃事態」という新概念の定義が論議の焦点となった。

武力攻撃事態法案には、この用語が三とおりの意味で用いられる。①武力攻撃：我が国に対する外部からの武力攻撃、②武力攻撃事態：武力攻撃が発生する明白な危険が発生していると認められるに至った事態、③武力攻撃予測事態：武力攻撃事態には至っていないが、事態が緊迫し、武力攻撃が予測されるに至った事態。以上三つをまとめて「武力攻撃事態等」という。

もはや「防衛出動が命ぜられるという事態」のみが有事ではないと理解できる。有事の定義を時間・空間ともに拡大させただけでなく、それらを「等」で一括し、すべてに適用させる融通性をもたせたことに大きな特徴がある。①はまだ七八年の説明範囲だが、②と③に加えられた新ケースも、「武力攻撃事態等」に入るので、政府は対応権限を行使できることになる。幅広い「国家緊急権」の掌握である。

「予測事態」とは、時間的には「武力攻撃」発生前の段階から動き出す事態、また地理的には日本領域以外で発生した事態と受けとめられる。それがすぐさま「我が国に対する直接侵略」(自衛隊法第三条)や「外部からの武力攻撃」(同七六条)につながるとはかぎらない。「緊迫」「予測」は、客観性を欠いた概念である。しかし武力攻撃事態法では、その段階から対処措置がはじまり、それに連動するかたちで「防御施設構築の措置」「展開予定地域内における武器の使用」など、自衛隊のあらたな行動が開始される(自衛隊法改正で新設)。同時に「国の責務」(第四条)、「地方公共団体の責務」(第五条)、「指定公共機関の責務」(第六条)などが発動されることになる。「国の責務」とは、首相の権限である。つまり「武力攻撃予測事態」の認定が、同時に首相の戦争権限掌握を意味する。地域と職場を「国家総動員」的にかりたてるマジックワードのはたらきをもつ。「予測事態」認定とともに、首相(対策本部長)による権限掌握↓自衛隊・在日米軍の平時法離脱(安保関連法と自衛隊法の特例・例外規定適用)↓地方自治・国民の権利制限(「地方公共団体の責務」「国民の協力」)への流れがつくられていくのである。

判断するのは政府とアメリカ

では、「武力攻撃が予測されるに至った事態」とは、具体的にどんな状況なのか。国会での政府答弁は混乱した。野党の追及を受けて示された政府統一見解(五月一四日)によっても、「「事態が緊迫し、武力攻撃が予測されるに至った事態」とはどのような事態であるかについては、事態の現実の状況に即して個別具体的に判断されるものであるため、仮定の事例において、限られた与件に基づいて論ずることは適切でないと考える」と言を左右にするのみで、それが、いつからはじまり、どこまで拡大できるのかの説明は拒否された。「予測事態」の認定基準を柔軟にして自由に判断したいとする意図がみえる。条文からは、政府が「事態が緊迫した」「攻撃が予測される」と判断すれば、法の発動を妨げる条件は何もない。その判断がアメリカの情報にもとづくものであることも自明だ。つまり「武力攻撃事態法」は、「新ガイドライン」＝「周辺事態法」とシャム双生児のようにつながっている。

じっさい、国会質疑において中谷防衛庁長官は、「武力攻撃事態」と、「周辺事態における米軍に対する支援」が「併存する可能性がある」と答弁した。共産党の赤嶺政賢議員とのやりとり（衆議院安全保障委員会、二〇〇二年四月四日）――、

赤嶺　周辺事態法では、周辺事態の定義として、「そのまま放置すれば、我が国に対する直接の武力攻撃に至るおそれのある事態」、これを挙げていますけれども、今回の、事態が緊迫し、武力攻撃が予想されるに至った事態、これとどう違うんですか。

中谷　まさにこの事態というのは、我が国にとって武力攻撃の事態が緊迫をし、武力攻撃が予想されるに至った事態でございます。

赤嶺　事態が緊迫し、武力攻撃が予想されるに至った事態という場合に、周辺事態が起こっているケースもあり得るということなんですね。

中谷　当然、周辺事態のケースはこの一つではないかというふうに思います。

また、公海上の自衛隊艦船や民間船舶への攻撃について、「我が国への武力行使にあたるという場合も排除できない」という官房長官の見解も示された。民主党の木島日出夫《きじまひでお》議員と福田

康夫官房長官の質疑（衆議院・武力攻撃事態法特別委員会、二〇〇二年五月八日）――、

木島　他国領域内にあって、三法、ＰＫＯ協力法や周辺事態法やテロ特措法で動いている我が国の軍隊に対する組織的、計画的な武力攻撃がなされたときに、この（武力攻撃事態法第二条の）定義にのるかと聞いているんです。

福田　繰り返しになりますけれども、我が国に対する計画的、組織的な攻撃だというように認定されるかどうかというところが問題だと思います。

木島　そうすると、認定されるような状況があれば、この法律が動く、適用になる、そう聞いていいんですね。

福田　理屈でいえばそういうことになります。

ここでも「我が国」の範囲が海外でもありうると答弁されている。自衛艦や民間船舶も「我が国」の延長とみなされる。米軍艦と行動をともにする護衛艦も入るだろう。こうみると、武力攻撃事態法が周辺事態法の補完法、自衛隊を集団的自衛権容認に向けて開いていくものであることに疑問の余地はない。安倍首相が「研究する」として「柳井懇談会」（九一一〇ページ参照）に諮問した集団的自衛権行使の「個別具体的な事例」の一つがここにもある。

基本的人権と地方自治の危機

さらに重大な点は、武力攻撃事態法には、国民生活と密接にからむ基本的人権や財産権、地方自治に介入する条項がもうけられていることだ。

「地方公共団体は（中略）武力攻撃事態への対処に関し、必要な措置を実施する責務を有する」（第五条）、および民間企業に対するおなじ規定（第六条）がそれである。周辺事態法の場合にも類似の条文があったが（第九条）、そこでは「求めることができる」「依頼することができる」など任意規定であったものが、この法律では「責務を有する」と義務規定に変わっている。

武力攻撃事態法によれば、対策本部長（首相）は、まず「地方公共団体の長」に対し「対処措置に関する総合調整」（第一四条）を行い、応じない場合「対処措置を実施すべきことを指示」（第一五条）し、最終的に「自ら当該対処措置を実施し、または実施させることができる」（同条二）となっている。国による強権発動すなわち「代執行」である。福田官房長官は、

「指示や対処措置の実施については、武力攻撃事態という状況下においては、万全の措置を担保するこうした仕組みが必要」（衆議院・武力攻撃事態対処特別委員会、二〇〇二年五月二〇日）と述べ、片山虎之助総務大臣もおなじ場で、

「まず本部で十分な総合調整を本部長がやる。その上で、それに応じないという場合には指

示を出し、さらにそれにも従わない場合には代執行をやる」と明言している。

自治体側は、総合調整に対し「意見を申し出ることができる」(第一四条の二)が、それが否認されると抗弁の機会はない。国の要求が新規基地の提供であれ、民間空港・港湾の軍事使用であれ、さらに公立病院や施設の接収であっても、従うよりほかにない。

さらに基本的人権の中心ともいえる言論表現の自由について、次の見解がなされていることにも注目しておくべきだろう。

「憲法一九条の規定する思想、良心の自由、あるいは二〇条の信教の自由のうち信仰の自由の保障については、それが内心の自由という場面にとどまる限りにおいては、これは絶対的な保障であると考えられる。しかし、思想、信仰等に基づき、またはこれらに伴い外部的な行為がなされた場合には(中略)公共の福祉による制約を受けることはあり得る。(中略)どのような権利、自由が制約を受けるか、(中略)これは将来、事態対処法制等、これから個別法制で整備していく。」(津野内閣法制局長官答弁、衆議院・武力攻撃事態対処特別委委員会、二〇〇二年五月二九日)

ここでは表現の自由が「内心の自由」と「外部的な行為がなされた場合」に切り分けられ、後者は制約の対象になると答弁されている。「個別法制で整備」される条文の内容しだいでは、シュプレヒコールやスローガンの文字も規制されるかもしれない。

こうみてくると、有事法制とは、「自衛隊有事法」「米軍有事法」「社会有事法」の三側面からなる憲法秩序の破壊計画であり、いずれの側面においても、憲法第九条はもとより基本的人権、地方自治の実質的停止につながりかねない内容をもっていることがわかる。

戦争への動員にいかに抗するか

武力攻撃事態法は、「有事三法案」の一つとして二〇〇三年に成立した。翌二〇〇四年、「国民保護法」「特定公共施設利用法」「米軍支援法」などからなる「有事七法」が加わった。その成立により、〝戦時法〟と〝自治・人権破壊法〟としての色彩はさらに濃厚なものとなった。国民保護法には、「武力攻撃事態等」という包括的な三類型の下で、政府の「地方公共団体」や「指定公共機関」(民間企業)に対する指示権が規定され、都道府県・市町村は住民の避難計画や訓練実施を義務づけられた。それらは地震や災害にそなえる防災計画や訓練として実体的にはすでに存在・整備されているにもかかわらずである。目的はただ一つ、武力攻撃事態「等」に含まれる、海外での戦争が「予測されるに至った」段階から、また、アメリカから「周辺事態協力」が要請された時点から、地域と企業を動員することにあるのは明白である。

とはいえ、憲法第二章「戦争の放棄」、第三章「国民の権利及び義務」、第八章「地方自治」は、なお存在している。一片の法律によって憲法秩序を根だやしにすることはできない。そこに権威と信頼をよせる自治体、労働組合、そして個人もたくさんいる。

たとえば神戸市の場合、入港する外国の軍艦は核兵器が積まれていないと証明する文書を提出しなければ神戸港に入港できないとする「非核条例」をもっている。成立した一九七五年以降、神戸港にアメリカの軍艦は一隻も入っていない。一地方自治体でも憲法の条例制定権を活用すれば、これだけのことができる。苫小牧市も二〇〇二年「非核条例」を制定した。こうした動きが全国に広がれば、海外での戦争に協力を強いる政府命令に強力な武器となる。

また全国一三〇〇以上の自治体が「非核宣言」や「平和宣言」を採択した実績も、政府は無視できないだろう。そこには戦争協力に反対する住民の意思が反映しているはずである。「非核・平和宣言」は、政府の意のままに岸壁、空港、体育館、公民館、公立病院を使わせないための意思表示になる。被爆体験や空襲体験を語りつぎ、記憶しつづける活動も、憲法がけっして〝現実にそぐわない〟や〝理想の産物〟でないことを教えてくれるだろう。

有事法制の危険性について、自分の仕事とのかかわりから危機感と反対意見を表明する人もいる。二〇〇二年二月二日付の『朝日新聞』「声」欄に国際線の機長の発言が載った。

「米国の同時多発テロや東シナ海での不審船事件を契機に、今国会で有事法制を成立させる動きが高まっています。日ごろ諸外国で発生する事件や戦争、テロ、ハイジャックなどに翻弄される危険が高い私のような国際線のパイロットは強い関心を持っています。

九九年に成立した周辺事態法は、周辺事態の際、地方自治体や民間へ軍事協力を求めるものでした。ところが今度の法律は協力ではなく強制で、罰則規定が検討されていると言われています。民間航空機による軍事輸送は、明らかに国際民間航空条約に違反するもので、運航の安全は保障されません。つまり国際法上、民間機が軍用機とみなされるということになります。そうなれば、日本の民間機の運行が敵対行為とみなされ、今以上に乗員も乗客の方も、テロやハイジャックの危険にさらされることになるでしょう。有事法制は民間のパイロットにとっては徴兵そのもの。威勢のいい政策より、平和憲法を生かした外交こそ政府の役目です。私は民間航空のパイロットですから、罰則があっても軍事輸送はしません。」

こうした考えは、ひとりパイロットだけではなく、海上輸送に従事する海員組合の人たちにも共有されている。港湾労働者にも同じような危機感がある。自衛隊が海外で戦争に参加すれば、隊員とともに船員や港湾労働者に海外業務の従事命令がくるのはまちがいないからだ。朝鮮戦争やベトナム戦争では商船乗組員も戦争に巻きこまれた。八〇年代の「イラン・イラク戦争」のさいにも船員がミサイル攻撃で犠牲となった。そうした経験から、海運労働者たちのあいだにも「罰則があっても軍事輸送はしません」という気持ちは共有されている。

そこで、いま、わたしたちに問われるのは、これら民間労働者、そして全国にちらばる自治体職員と草の根の声を、どのようにして大きな世論にまとめあげられるかであろう。同時に、軍事安全保障に立つ〝日米同盟の論理〟に、どのようなオールタナティブ(もうひとつの選択肢)を対置できるかの対案も欠かせない。すなわち「憲法第九条の下で、いかなる安全保障が可能か」の対抗構想を示していけるかどうかである。そこに〝改憲潮流〟と〝戦争できる国家〟への暴走に待ったをかける、護憲の側の最後の展望がのこされている。

2 真の平和を求めて

護憲側の「平和戦略」への批判

一九八二年二月、わたしは、『日本防衛新論——平和の構想と創造』(現代の理論社)と題する本を刊行した。日本の安全保障のありかたを「被爆体験」と「憲法第九条」を基盤とする護憲におきながら、ただ守るのでなく、九条から「オールタナティブ・ストラテジー」(もうひとつの戦略)と「ソフト・セキュリティ・パス」(ソフト・パワー安全保障)に求めようという論旨だ。そこで護憲側の九条を守るという観点からただ自衛隊の存在を否定し、非武装を主張する「平和戦略」を批判して次のように書いた。

「(護憲側の)「平和戦略」なるものは、国内とせいぜい朝鮮半島の平和達成程度しか視野を有していなかったので、オイルショック(注・一九七三年)以降の情勢には全くといっていいほど対応できなかった。竹村健一流の〝世界の常識〟を打ち破る強靭さを欠いた〝一国平和主義〟の底の浅さをすっかり露呈してしまったのである。

被爆体験にせよ、それに裏打ちされた平和憲法の思想にせよ、本来のなりたちを考えれば外に向けた強烈なメッセージとなるはずであり、その内包する意義は人類史的だといってもよい。決して反米闘争の道具でも一国平和主義の看板でもあってはならないはずだ。被爆体験と平和憲法は、日本がなぜ軍事優先の安全保障策を再び選択しないかを世界の人々に示し納得を得る最も力強いメッセージとしてもっと積極的に活用さるべきであろう。それは〝安保ただ乗り論〟や〝世界の常識〟とは異質の、かけ値なしに世界に通用する核時代の生存条件のモデルケースともなりうる価値である。「非核・平和主義」を国内かぎりの、それも〝アンチの論理〟の枠から救いだし、日本のナショナル・ゴールとして世界に広げてゆくことが、まず求められよう。」

そのうえで、日本の安全保障政策の柱として「外へ出ない軍事力」と「目に見える専守防衛」を主張し、そこに向けた自衛隊の縮小・改編、および軍事力によるシーレーン防衛でなく多国間海上保安協力――「西太平洋沿岸警備隊」構想を提案した。「目的と機能は海路の安全と平和を維持する警察的機能に限定され、武装はシンボルとしての威力、すなわち「海賊には勝つが海軍には敗ける」程度に上限を設ける」というものだ。わたしは、これを「安全保障のソフト・パス」と名づけた。この考えにいまも変わりない。

ヨーロッパ域内の「非戦」

同じ一九八二年の六月、スウェーデンのオロフ・パルメ首相が主宰する独立委員会の報告「共通の安全保障――核軍縮への道標」が国連事務総長に提出されている。東西軍事対立のさなかに提起された、このあらたな安全保障の新思考「共通の安全保障(Common Security)」は、国際社会に大きな反響をよんだ。冷戦後の西ヨーロッパ安全保障政策の理論的根拠となったことは第I章1でふれた。パルメ報告が提起した「安全保障の原理」は、次の六項目である。

・すべての国は安全への正当な権利を有する。
・軍事力は国家間の論争を解決するための正当な道具ではない。
・国の政策を表明するときには自制が必要である。
・安全保障は軍事的優位によっては達成されない。
・共通の安全保障のためには、軍備削減および質的制限が必要である。
・軍縮交渉と政治的事件との「連関」(リンケージ)は避けるべきである。

ここでは、自国の安全を確保するため、軍備競争に勝ち軍事的優位を得ようとする「ゼロサム」的発想はしりぞけられる。そうではなく、他国の立場に配慮しつつ、軍縮と開かれた軍備管理を徹底させ、疑心暗鬼が引きおこす摩擦と対立、紛争への道を抑えこもうとする成熟した国家間関係が強調されている。反戦というより、非戦＝避戦の考えに立つ。

ヨーロッパ統合のさきがけとなった「ローマ条約」調印から五〇年経った二〇〇七年。六カ国で創設され、今日二七カ国、四億九二八五万人の人口へと発展したEU（欧州連合）の現状に、この「原理」が有効に働いたことは指摘するまでもない。信頼醸成、軍備削減、共通の外交と安保政策の進展が、単一市場・単一通貨・単一行政基準採用の前提だった。欧州議会、欧州原子力共同体、欧州衛星通信会議、欧州司法裁判所など、国家を超えるさまざま協力機構が「共通の安全保障」のきずなになっている。

もとより軍備が全廃されたわけではない。憲法第九条の理念がヨーロッパで実現された、などと早合点するものでもない。フランスは核兵器を保有しているし、イギリスはイラク派兵国である。しかし重要なことは、パルメ報告にみる「安全保障の原理」が、実質的な意味でヨーロッパ域内における「戦争の放棄」「武力の不行使」「交戦権の禁止」を実現したとみることができることだ。「共通の外交・安全保障政策」を共有したドイツとフランス両国が、戦争をするなどと考える人はいない。ドイツのワイツゼッカー元大統領の言葉——「ドイツは、歴史上はじめて隣国がすべて友人であるという状態を迎えた。では、なんのために軍隊が必要なのだろうか?」（「ドイツ連邦軍改革案報告書」二〇〇〇年）に、それはよくあらわれている。

そうすると現実的見地からは、日米同盟という「ゼロサム型安全保障」に依存する日本、その背景に立って「拉致問題が解決しないかぎり日朝の国交正常化はありえない」といいつつ、「交渉と事件との連関」の姿勢を崩そうとせず、アジア内の緊張緩和に何ら積極的な対応をとろうとしない安倍政権より、ＥＵのほうがまだしも「九条の理念」に近づいているとはいえる。ヨーロッパ諸国は、ローマ条約から五〇年、マーストリヒト条約から一五年で、安全保障のありかたをここまで変えたのである。東アジア地域においてもできないことではない。

「平和基本法」の提唱

ＥＵがあゆみだしたころ、雑誌『世界』（一九九三年四月号）にわたしも提案者の一人として「「平和基本法」をつくろう」という共同提言を発表した（古関彰一・鈴木佑司・高橋進・高柳先男・前田哲男・山口定・山口二郎・和田春樹・坪井善明）。そこでわたしたちは次のような主旨の提案をした。

「冷戦の終焉にあたって、戦後の国内政治を規定してきた憲法九条と自衛隊・日米安保条約の矛盾・対決を克服することが必要である。日本国憲法の精神が時代の精神と合致する絶好の機会を迎えて、憲法の理念を大いに具現化することを考えながら、国論を二分化した憲法と自衛隊の矛盾を憲法の精神に即して解決し、国民的コンセンサスをつくることを目指す。そのために、世界の平和に非軍事的手段で積極的に寄与するとともに、憲法九条の理念を具現化していく過程と手続を明示するものとして仮称「平和基本法」をつくり、その下で、現在違憲状態にあるといえる自衛隊を、攻撃能力を持たない、憲法の許容しうる水準の国土警備能力としての「最小限防御力」にまで縮小・分割していく。その前提として、かつて日本が侵略したアジアとの和解がなしとげられる必要がある。そして日米安保条約を脱軍事化し、アジア・太平洋地域の安全保障システムを構築すべきである。」

わたしたちが提案したのは、自衛隊合憲論ではない。また、安保即時廃棄論ともちがう。〝アジア冷戦〟を日本人自身の力で終わらせるために、自衛隊の現実と向き合い、とりあえず「国土警備能力」ていどの「最小限防御力」にまで縮小・分割していく。その一方で、軍縮を手がかりとしながらアジア諸国との和解をなしとげ、他方、日米関係も軍事色を薄めつつ、東アジアの「共通の安全保障」をつくっていくことができる、そのような「ひとつの処方箋」を示したものだった。しかし、第Ⅰ章2でみたように、自衛隊と安保の変容は、この共同提言の直後にはじまり正反対の方向に走りだした。憲法との矛盾は九三年当時よりさらに深い。だから改憲論が現実味を帯びるのであろう。

では、もはや「九条を具現化しよう」と主張することは有効ではないのか。そうではないはずだ。まだ間に合う。おなじ『世界』の二〇〇五年六月号で、もういちど「平和基本法」の提案、「九条維持のもとで、いかなる安全保障政策が可能か」という共同提言(古関彰一・前田哲男・山口二郎・和田春樹)をしたのも、そうした問題意識からだった。

「私たちは、日本国憲法前文および第九条に盛られた平和主義の理念と規定が、現下の国際的安全保障環境下においても、また、やがて確立されるだろう二一世紀の時代精神に照らしても、いぜん有効かつ現実的であると確信する。したがって今日もとめられているのは改憲ではなく、憲法理念をより具現化し明示的に国内および世界に発信するための新たな「国家行動基準の確立」＝〝もう一つの安全保障〟の選択である。「平和基本法」は、日本の〝国のかたち〟を、透明で公正なものとして国内外に説得的に提示するため制定される。

日本国憲法にしめされた安全保障観は、「共通の安全保障」「人間の安全保障」といった、冷戦後のEUや国連がめざす「普遍的安全保障」をいち早く明文化した先駆的なものである。」

こう述べて、次のように改憲派を批判した。

「ゆるやかであれ、また曲折を織りまぜつつも、世界は大きな民主化潮流へと向かいつつある。」「二〇世紀の頭で二一世紀の安全保障を語る」ことはやめなければならない。」

そしてふたたび提案したことは、「いったん(自衛隊という)負の累積としての現実を引き受け、「望むこと」と「できること」、「なすべきこと」と「なし得ること」を峻別し、その上で現実の違憲状態を時間とともに解消していく政策」、すなわち「平和基本法」の制定であった。そこから、つまり日本の「一方的軍縮」からはじめ、それを「東アジア・共通の安全保障」の基盤にしていこう、というのが「共同提言」の趣旨である。項目的に柱をたてると、

- 「憲法九条のもとで、いかなる安全保障が可能か」についての真剣な考察が必要である。
- 「平和基本法」のような法律をつくり、憲法理念を具現化していかなければならない。
- 「あらまほしきこと」と「ありうること」、「望むこと」と「できること」を区分する。
- 「守る九条」から「具現化する九条」への対抗戦略を打ちだしていく。
- 「平和基本法」のもと、自衛隊を「分割・縮小・再編」し、憲法との矛盾の解消をめざす。
- 日米安保体制を、〝ゼロサム型〟でない〝ソフト・パワー同盟〟に切り換えていく。
- 東アジア諸国に向けて、憲法九条は〝共通の資産〟であることを発信する。

このような考え方は、けっして理想論でもなく、現実離れもしていない。パルメ報告が提起した「安全保障の原理」の、おそすぎたくらいの適用にすぎない。

「人間の安全保障」という考え

いち早く「共通の外交・安全保障」を採用したEUは、いま、さらに進んだ「人間の安全保障」という国際協力の課題に取り組んでいる。ヨーロッパ域内の安全保障にとどまらず、世界全体の貧困、飢餓、抑圧的政治などに目を向け、国境を越えて人間ひとりひとりの安全を守っ

ていこうとする構想だ。そのために、ヨーロッパ域外にある紛争の土壌や平和破壊の状況に、非暴力的に対応できる組織構築が努力されている。ロンドン大学のメアリー・カルドゥ教授が中心となって作成中の「人間の安全保障対応部隊（Human Security Response Force）」とよばれる新組織がそれである。

検討されている計画によると、新組織は一万五〇〇〇人の隊員からなる。

・その三分の一は民間人。人権監視、開発・人道的活動、法律の専門家。
・次の三分の一が警察官、高度の訓練を受けたレスキュー要員。
・のこり三分の一が軽装備の軍隊。

この軍・官・民からなる混成部隊が、同時に創設されるＮＧＯの「人間の安全保障ボランティアサービス」と協力しながら、暴力や不安定な状態にある地域で活動し、不満や不信、絶望がテロや内戦にいたるのをふせぐ。法制度づくりの援助や教育・保健・人道援助がおもな仕事である。武力対応は最後の手段。それも「死の極限の状態にある場合」にかぎられる。混成部隊は、必要なトレーニングを受け、数日以内に配備できるよう準備される。

世界の一角で、それもヨーロッパという古い歴史――同時にそれは〝長い戦争の歴史〟でもあるが――をもつ地域で、軍人を主人公にしない紛争解決のありかたが真剣に模索されている。戦争と軍隊による安全保障ついて根源的な問い直しがなされているのである。

であれば、じつは日本国憲法は、そのような安全保障のかたちを一九四七年に打ち立てたのだと誇りと自信をもつことができよう。おくれているのは改憲論者のほうだと反論しなければならない。しかしそのためには、憲法前文と九条から具体的な政策をつむぎだすことが求められる。それには「平和基本法」のような国内法とともに、「東アジア・共通の安全保障」へ向けた外交政策が必要となる。

九条をいかに生かすか

「平和基本法」の内容からみていこう。次のことを明確にした新規立法が制定される。

- 安全保障の目的――日本国民は、日本国憲法の下で、「平和のうちに生存する権利」を保障される。政府は、国民生活をさまざまな脅威から守る安全保障の義務を有する。
- 平和外交の推進――憲法前文にしるされた平和主義、国際協調主義を、「人間の安全保障」として国是とする。
- 自衛権の限界――日本は固有の自衛権を有し、侵略その他主権侵害行為にたいし阻止する権利をもつ。一方、九条の規定により「戦力保持」、「集団的自衛権」行使、「交戦権」が禁じられているため、保持しうる実力は、専守防衛をもっぱらとする「構造的に攻撃不能(structual Inability to Attack)」な最小限防御力の域を出ることはできない。

・アジア諸国への誓約——日本が軍事大国にならず、軍事同盟に属さず、アジアの平和国家として生きるため、一方的軍縮を行うことが明記される。

この原則に立って、次の施策を行う。

・禁止される事項——①大量破壊兵器の保持および移転(非核三原則、武器輸出三原則を取り込む)、②宇宙空間の軍事的利用(最小限防御力に含まれる領空自衛措置を除く)、③集団的自衛権の行使(軍事同盟への参加)、④徴兵制度の導入、⑤他国への先制攻撃、日本国領域を越える自衛権発動およびそのための能力。

・自衛隊の縮小——自衛隊の任務・編成・装備全面にわたる洗いなおし、解体的縮小の実施。その過程は、優先度を示し年度計画として明示する。

・あるべき自衛権行使の形——主権侵害行為に対処する最小限防御力の保持と限度。その組織の維持にかんする個別法を制定する。

・文民と国会による統制、および情報の公開——外交・対話の優位、軍事費の財政枠などを規定する。

以上を「平和基本法」に条文化することより、憲法第九条は拘束力をもつものとなる。これで九条解釈をめぐる論争に終止符が打たれ、以後、憲法前文と九条の理念は、平和基本法の下に政策として確定される。一言であらわすなら、「平和基本法」は、憲法再生のための対抗構想であり、九条具現化のマニフェストである。

最小限の防御力とは

もっとも、このような提案に対しても、従来の護憲勢力からは異論が出るかもしれない。なぜ最小限防御力を持つのか？　本当に国民の安全を守るために武装した力が必要か、との疑問もあろう。本格的な侵略であれば最小限防御力では防ぎきれず、本格的な侵略がないとするなら最小限防御力であっても不要なはずである、と。完全な非武装が追求目標であることに、わたしも異論はない。軍事力依存がおちいらざるをえない「安全保障のジレンマ」と「国家の逆機能」については、これまで十分にみてきた。そこにゴールをおくのは当然だろう。

しかし、第一に、「非武装」が、どのような状態なのか判定はむずかしい。現実に警察官、海上保安官も武器を保有している。警察機動隊は、自衛隊の戦闘装甲車に類似した警備車を保有し、特殊部隊もいる。また海上保安庁の巡視船も、護衛艦がもつものと同型の機関砲をそなえている。奄美諸島沖で不審船を銃撃し撃沈した例もある。だが、それらは「軍備」や「戦力」とはよばれない。武器を使用した場合も、公権力による治安維持行動であって「交戦権」や「武力の行使」とみなされなかった。国家の軍備と公権力の武装に境界は見さだめがたい。

厳密な意味からすると、「最小限防御力」は完全な国家非武装とはいえない。とはいえ、それを「公権力のもつ非攻撃的な実力」と理解すれば、「軍隊による軍備」とは、かなりはっきりと区別できる。そこで多くの国に保有される「国境警備隊」や「沿岸警備隊」が最小限防御力のモデルとなる。どちらも「準軍隊（paramilitary）」、すなわち〝治安（警察）力〟として国際法に認知されている。

第二に、国民の不安感、脅威感も無視できない。国民世論に完全な非武装派は少数であろう。しかし、非武装を否定する人でも、日本が重武装化、軍事化して地球上どこまでも行ってよいという意見はすくないはずだ。それらの人びとは、「戦争できる国」へと向かう日本の現状に不安を感じているにちがいない。とすれば、現実にある自衛隊の戦力を最小限防御力に向けて縮小・再編しながら国民の安心の担保とし、「共通の安全保障」をめざす政策提起のほうが説得力あるものと考える。全否定でも部分肯定でもなく、新思考への転換、憲法理念へ〝スイッチバック〟する見取図の提示である。

むしろ、現実にありうる脅威は、たとえば地球環境の破壊（地球温暖化）、気候変動とそれによる災害、また、いつ起きても不思議でない大震災、火山の噴火、原発事故、エネルギー供給の断絶、食糧輸入の途絶、財政・経済の破局などにある。こうした脅威には、軍事力はまったく役に立たない。であるなら、ミサイル防衛に何兆円もの税金を投入するより、北朝鮮の核・ミサイル関連施設を〝買い取る〟ことのほうが実際的な安全保障につながる（アメリカはソ連崩壊後にそれを行った。日本もソ連の原子力潜水艦廃棄に資金供与している)。また、国民の多くを〝脅威〟に取り込んでいる北朝鮮の核・ミサイルにしても、対抗兵器による防衛(ミサイル防衛)が技術的に困難、経済的に高負担であること(一四〇―一四一ページ参照)を考えると、現実的な解決策とはならない。そうした方法で東アジア地域に「共通の安全保障」を具現化するほうが賢明だろう。

国内における震災などの災害救援や国外での津波被害などに自衛隊が出動することに異議を唱える人は少ない。しかし、災害救援に戦車や戦闘機は不要であり邪魔である。むしろクレーンやブルドーザーが役に立つ。銃の代わりにジャッキや医療器具が有効であろう。災害救援のためには特別なトレーニングも必要になる。したがって、国土を専守する部隊は最小限とし、国内・国際の災害緊急救助隊を自衛隊から分割してつくるべきである。

最小限防御力の内容は、次のようなものである。

- 最小限防御力は、治安警察(constabulary)と沿岸警備隊(coastguard)を基本に編成される。「陸海空軍その他の戦力」にいたらない組織とする。
- 人員は最大で五万人ていど(「警察予備隊」は七万五〇〇〇人だった)。一元的に運用され、日本の主権のおよぶ地域内のみで行動する。
- 最小限防御力と別に、国連警察的活動への常設待機組織(文民、NGOを含む)が創設される。

ＰＫＯや巨大災害の救援に迅速に対応する。

• 国際的で全般的な軍縮実現へ取り組む決意と、「東アジア・共通の安全保障」に向けた努力を推進する。

• 国連の集団安全保障機能強化を推進し、決議にもとづく警察的制裁活動へ参加（資金・基地・人員の提供）する。

以上のような「平和基本法」と「共通の安全保障」の下で、最小限防御力と災害救助組織、さらに「人間の安全保障対応部隊」を組み合わせるほうが、安倍首相が意欲を示すＮＡＴＯ（北大西洋条約機構）との軍事的連携に進むよりふさわしいのではなかろうか。

「海の共同体」としての東アジア

次に、「共通の安全保障」を東アジアに導き入れるため、どのような心がまえが求められるか。ＥＵモデルの直輸入でない地理認識と安全保障の枠組みが必要になる。

第一に、東アジアは「海の共同体」だという地理認識が前提にされなければならない。ヨーロッパ統合が「地理と歴史」に規定されたものとすれば、東アジアのそれは、もっと大きく「海洋文化的な多様性」によって特徴づけられる。そこが「陸つづきの文化的共同体」であるヨーロッパの場合とちがう。東アジアは、太平洋とインド洋から切りはなされた、たくさんの

「付属海」で形成されている。おもなものだけみても、

• オホーツク海——一五三万平方キロメートル、南北二二〇〇キロメートル、東西一四〇〇キロメートル（海洋面積世界第一〇位）

• 日本海——一〇〇万平方キロメートル、南北一五〇〇キロメートル、東西一一〇〇キロメートル（同世界第一四位）

• 東シナ海——一二五万平方キロメートル、南北一一〇〇キロメートル、東西七五〇キロメートル（同世界第一一位）

• 黄海——一二四万平方キロメートル、南北八〇〇キロメートル、東西一〇〇〇キロメートル（同世界第一二位）

• 南シナ海——二三二万平方キロメートル、南北二一〇〇キロメートル、東西一七五〇キロメートル（同世界第六位、地中海とほぼ同じ広さ）

• ほかにもジャワ海、セレベス海、バンダ海、アラフラ海……

これほど多くの付属海を持つ地域は、世界でここ以外どこにもない。東アジアの国ぐにの大半は、これら付属海の周辺に位置する。諸国は半島、列島、単一島、群島からなり、全部または一部が海に面している。次のように整理できる。

• 半島国——韓国、北朝鮮（朝鮮民主主義人民共和国）→黄海、日本海、東シナ海。マレーシア、

ベトナム、カンボジア↓南シナ海

・列島国――日本↓オホーツク海、日本海、東シナ海

・単一島国――シンガポール、ブルネイ、台湾↓東シナ海、南シナ海

・群島国――フィリピン、インドネシア↓南シナ海

・沿海国――中国、ロシア↓オホーツク海、日本海、東シナ海、南シナ海

これらの地理的環境は、次の地政的条件を教えてくれる。そこから第二に、海洋は各国にとって「相互・平等・互恵」的な価値のみなもとであり、かつ平和のみがそれを維持できるという(フェア・シェア＝公正・共有)原則が導き出せる。海を「切りはなすもの＝障壁」でなく「結びつけるもの＝交流の場」として把握する。すると、「共有空間の尊重」という共通認識が不可欠になる。「国際公共財」としての海洋観が求められる。それなくして「共通の安全保障」は成り立たない。はるか昔、アジアの海に散らばった祖先は、そのような海洋観をもっていた。失われた記憶を回復させなければならない。沖縄・首里城の鐘に刻まれた「以舟為楫　万国津梁」(舟をもって舵となし、世界の架け橋となる)の精神である。

海を「国際公共財」に

第三に、そのような共通認識をつくりあげるために、現実に存在する課題と、それを解決す

る共同の努力が必要になってくる。「東アジア・共通の安全保障」の下準備である。
一九九〇年代に確立した国連海洋法条約による「海洋新秩序」は、海洋に対する国家管轄権の増大をもたらした。領海が一二カイリに拡大され、その外に排他的経済水域二〇〇カイリが設定された。海洋新時代は、大陸棚と多島海がいりみだれる東アジアの国家間関係に、〃海の国境線〃画定の困難さと、漁業資源や海底資源の領有をめぐるあらたな難題を持ちこんだ。海の地政学の大変化である。
たとえば、日本と韓国、日本と中国、日本とロシアのあいだでいつも懸案となる「漁業専管水域」問題、また、日本と中国とのあいだの「東シナ海ガス田」管轄問題が、まず頭にうかぶ。これらを当事国の国家利益の次元で扱うか、それともイギリスとノルウェーが北海油田の問題処理で示したような共同開発の対象とするのかが、分かれ道となろう。もちろん共同開発・共同管理・共同分配の原則が各国で合意されなければならない。
同様に、島嶼の帰属をめぐる利害対立の顕在化も、公海海底資源への思惑を根底に、摩擦から対立、対立から紛争に激化する危険をはらむ。具体的には次の箇所があげられる。
•北方諸島=クリル諸島問題——日本とロシア
•竹島=独島問題——日本と韓国
•尖閣諸島=釣魚諸島問題——日本と中国

・スプラトリー諸島問題——中国、ベトナム、フィリピン、台湾、ブルネイ、マレーシア
・南北朝鮮間の海上分界線問題——休戦ラインの海上延長線（ＮＬＬ）
・東チモールとオーストラリア、インドネシアの海上国境画定問題

ほかにもまだあるが、右に代表される〝島盗り〟国家エゴに、ナショナリズムを超えた合理的解決策をみいだす認識の転換が求められる。ほとんどの係争地点が、人の住めない島の争奪であることに注目しよう。資源独占への思惑を秘めた帰属争いであることは明らかだ。それを考えると、共同開発・共同管理・共同分配の知恵——海を「東アジアの国際公共財」とみなす見かたが、さらに重要になってくる。このことは「共通の安全保障」への必要条件というより、対立と軍拡を激化させないための必須条件である。

第四に、共通課題の解決に共同の努力が求められる現実として、ここには一国の主権行使によってはいかんともしがたい問題群——深刻化するいっぽうの海洋汚染、遠洋海難、治安問題（海賊・密航・密貿易など）がある。国際テロリズムに対する対応も、これに加えられよう。いずれも非軍事的・非国家的な脅威である。しかし各国の国民生活にとっては重大な安全保障上の脅威となっている。こうしたことがらは、「海の共同体」である東アジア各国にとって、ますます増大する難問である。解決するには、海を「切りはなす」ものとしてではなく「結びつける」ものとして受け入れ、共同の努力を傾けるしかない。

このほか、小さくはあるが、無視できないこととして、付属海の名称に対する沿岸国一部からの異議がある。「日本海」の呼称に対する韓国、北朝鮮からの異議(両国は「東海」とよぶよう主張している)。また、「東シナ海」「南シナ海」についても中国はそれぞれ「東中国海」「中国南海」の呼び名にこだわる。命名についての歴史的経緯がどうであれ、遠因に、日本の近代史が介在しているのもたしかである。開かれた東アジアと「共通の安全保障」をつくっていくには、共同の海に一国の名を付けることの時代錯誤をあらためる発想も必要であろう。〝国土の延長型〟名称ではなく、〝アジアの海〟としての名称が考えられるべき時期ではないか。

信頼醸成の土台づくり

「東アジア・共通の安全保障」を実現するには、まず認識転換へ向けたアプローチ――安全保障の用語でいえば「信頼醸成」の土台づくりからはじめなければならない。東アジアの場合、EUのような「ローマ条約」型の包括的枠組みから入っていくのは無理なので、下からの取り組み――話し合いを通じたfair(公正)とshare(共有)の形成が先決になる。たとえば、

- オホーツク海から南シナ海まで「アジア地中海」としてつかみとる。そして各付属海に東アジア共同体にふさわしい新名称を与える。
- 共有空間である「アジア地中海」を中心にして、「公海―共同の海(排他的経済水域の重複部

分）―領海―領土」の見かたを導入する。領土からみるのと反対の視点で地図をみる。

- そのような視野を確立しつつ、「東アジアの国際公共財」としての「海洋共同管理・資源共同開発・共同分配」に各国は合意する。それにより〝島盗り〟問題に終止符が打たれる。
- 日本は、「平和基本法」にもとづく安全保障政策の転換を誠実に伝える。

ここまでを第一段階とし、得られた信頼基盤にたって、具体的な多国間協力条約が提起される。そのさいも「マーストリヒト条約」のような上からの全体的なものでなく、個別的で、すぐに必要な枠組みから入っていくことが望ましい。そこで次のような条約が構想される。すなわち「東北アジア非核地帯設置条約」「東アジア海上保安協力機構協定」などである。

これらを積みあげながら、「共通の安全保障」に実質を与えていく。

「東北アジア非核地帯」は、朝鮮半島の非核化を実現させるだけでなく、日本の「非核三原則」に国際条約としての説得力を与える。さらに、すでにある「ラロトンガ条約（南太平洋非核地帯条約）」、「バンコク条約（東南アジア非核条約）」と合体・連結させることにより、東アジア、オセアニアとさかい目のない非核地帯が実現する。それには、

- 「朝鮮半島非核宣言」（一九九一年）および「六カ国協議」にもとづく両朝鮮の非核化
- 「非核三原則の法制化」による日本の非核化。日米安保条約の事前協議制度を厳格に運用することで〝核抜き安保〟を実現

・非核兵器地位国家・モンゴル(一九九八年国連総会決議の加入)

などが必要とされよう。朝鮮半島非核化の努力は現実になされており、「六カ国協議」という話し合いの場もできた。それはヨーロッパにおける一九八〇年代の「中距離核戦力(INF)全廃交渉」を思い起こさせる。危機もあり中断もあったが、結局、核ミサイルは廃絶された。INF条約は冷戦終結の合図ともなった。北朝鮮の核放棄を受けた東北アジア非核地帯のモデルもいくつか提案されている。基本的には、朝鮮半島、日本、台湾、モンゴル、これら諸国を組み入れた非核地帯を設定し、核兵器国である中国、ロシア、アメリカが、条約議定書によって「核の威嚇禁止と不行使、領土不可侵」を保障させる方式である。そして将来的には中国、ロシアの非核化をめざす。非核地帯はすでに多くの先例がある。地球の南半分は、ほぼ非核地帯になった。

それとともに、より実際的な「共通の安全保障」のステップとして、「東アジア海上保安協力機構協定」と、実施のための「東アジア地域協力機構」の設立が求められよう。ここでも海洋依存国である各国は、すでに海上保安庁(日本)、海洋警察(韓国)、国家海洋局(中国)、税関警察(シンガポールほか)などの名称で非軍事組織の海洋治安機関を保有している。したがって、それを共同組織にまとめあげることで済む。合意と信頼さえあれば、日本、韓国にASEANを加えた組織なら、すぐにでも創設できるはずだ。「東アジア地域協力機構」は、各国の機関から拠出された軽武装の巡視船・監視船による〝海賊には勝つが海軍には劣る〟ていどの能力を常備する。多国籍乗員による広海域の継続的な哨戒が実施される。

そうなると、アジアの海洋環境——治安、汚染、海難救助システム——は、目にみえて改善されるだろう。機構運営に必要な「訓練センター」「管理・統制センター」が設置され、ここも多国籍要員で運用する。日本から海上自衛隊のP‐3C哨戒機（ソ連海軍なき今、もはや不要だ）が新機構に移管されれば、遠洋海難・海賊捜査・環境調査などに威力を発揮するだろう。同様に、日本が四基保有する「情報衛星」も北朝鮮の軍事施設を見張るためではなく「東アジア地域協力機構」に提供・開放されるなら、この地域への貢献度ははかりしれない。これらはあらたな投資を必要としない。〝ソフトウェアを組みかえる〟だけで実現する。そして領空・領海開放という「共通の安全保障」の実質的な基礎をつくるのである。やがてそれは、国連海洋法条約にもとづく司法共助機関の設立をはじめ、さまざまな協力機構と共同体の、よりしっかりした枠組みへと発展していくことだろう。

現在を「あらたな戦前」としないために

以上は、東アジア版共通の安全保障へのささやかな踏み出しである。EUのような大構想ではない。しかし、それが達成されたときに期待できることは大きい。

第一に、憲法前文に記された「諸国民の公正と信義に信頼して、われらの安全と生存を保持」する条件がととのえられる。それは九条を「世界に向けて開く」、アジアと国際社会に向けた実践のメッセージである。また、九条に「具体的な価値を与える」政策提起でもある。

第二に、日米安保条約を「日米友好同盟」に切りかえる現実的基盤がうまれる。これまで述べた措置は「安保条約破棄」を要しない。条文と交換公文(核持込み、兵力配置変更に関する事前協議制度)を字義どおりに適用すれば、条約が存続したままで達成できる。アメリカ側が不快感を示すだろうことは予測できる。だが長い目でみれば、双方にとって不利益はない。それにより在日米軍基地の削減から撤廃への道すじが現実的に描けるようになる。

第三に、自衛隊縮減、とくに海・空自衛隊の大幅な削減が可能になる。陸上自衛隊も国境警備隊ていどまで縮小される。日本が一方的軍縮を実行することで、東アジア軍拡の〝プラグを抜き〟、安全保障環境を不信と敵意から尊敬と協力、すなわち公正と共有、東アジア軍縮、「共通の安全保障」へと移行させていくシナリオがうまれる。削減された自衛隊の人員・資材・能力を新組織に改編し、PKOや海外災害など非軍事的任務にまわす寄与で、真の国際貢献が可能になる。より現実的で平和的な安全保障の組織化にちかづく安全保障モデルを示すことができる。

すでにみてきたように、目下進行中の「改憲と再編」路線は、けっして日本国民に安全と安心を保障するものではない。近隣諸国との間にあらたな「安全保障のジレンマ」を生じさせ、軍拡のシーソー・ゲームにつき進むことで、かえって国民を危険にさらす。それより憲法前文を外交・安全保障政策に具現化し、九条を国際化する方策、「共通の安全保障」と「人間の安全保障」を求めるオールタナティブを積極的に提案していくほうが、より健全であり現実的でもある。「平和基本法」と「東アジア・共通の安全保障」がめざすのは、九条理念に立った政策の提示であり、日本国民の安全を確保するための現実的平和論である。この方向こそ、悪夢から抜けだす「二一世紀型安全保障」モデルといえる。

日本が二〇世紀のアジアに破壊と悲惨をもたらした歴史、また、世紀後半においても平和憲法のもとでそれに反した安全保障政策をとりつづけた過去を振りかえるなら、ヨーロッパにおけるドイツのように、まず贖罪を行い、一方的軍縮による新世紀メッセージを発すべきである。ローマ条約でEUの前身がスタートしたとき、〝現実主義者〟は「スコラ派学者の白日夢」にすぎないと、その非現実性を批判した。五〇年経って、どちらが誤っていたか、問うまでもない。二七カ国約五億人。ユーロをつかう人はアメリカの人口を超えた。科学技術者の数もアメリカより多い。その根底にある思想が「不戦ヨーロッパ」共通の安全保障なのである。

平坦な道のりではなかった。アメリカとのあつれきがあったし、現にある。また、EUの繁栄が過去の植民地主義の遺産、今日のアフリカ諸国との不均衡のうえに築かれているのも事実だろう。だからこそ、かつての奴隷貿易や植民地支配について謝罪することも忘れていない。「人間の安全保障対応部隊」構想も、贖罪と格差是正への一環とみることができる。ＥＵは安全保障の新思考に挑戦し、たしかな一歩をマークしたのである。

日本は、一九五七年のローマ条約より一〇年まえに、「国家不戦」と「人間の安全保障」の憲法のもと、「戦後」に踏みだした。それを〝あらたな戦前〟にしないためにも、もっと広い視野で世界を把握しながら、日本の二一世紀ビジョンをつくっていかなければならない。

あとがき

この本では、二〇〇七年一月の「防衛省・自衛隊」発足から書きおこし、さかのぼって、冷戦終結以降における日米同盟下の軍事態勢の移り変り――「安保再定義」とは自衛隊にとって何であったのか、について検証をこころみた。その意図は、自衛隊の実態分析を通じ、「脱却」という名の「従属」、すなわち「美しい国へ」とされる路線が、じつは〝美しい属国〟への道につながっていることを描き出すことにある。あらためて、自衛隊はとんでもないところにきてしまった、もはや「自衛」とも「専守防衛」ともいえる組織ではない。しかし、まだ引きかえす余地はあるはずだ、安全保障の「もう一つの道」をさがし当てること、そのために護憲勢力が覚醒し結集しなければ。そう、つくづく思う。

書いているうちにも「自衛隊の変容」は止まらなかった。考えてみると、歴史は絶えず過渡期にあるのだから、それが当然なのかもしれない。まさしく序章に引用したセネカの言葉――「われわれが現在過ごしつつある時は短く、将来過ごすであろう時は不確かである」――のとおりだ。自衛隊に構造的な変化をもたらしてきた時代の震動が、「現在過ごしつつある時」にも、いぜん鳴動をやめていないことを、あらためて実感させられた。それらは適宜、書中のしかるべき位置に取り込んだが、ざっと振りかえるだけで、防衛省発足後に、次のような事象があった。

- 沖縄・辺野古沖での基地移設事前調査に海上自衛隊を投入(五月)
- 「基地再編促進法」の成立と在日米軍再編の本格化(五月―)
- 「柳井懇談会」における「集団的自衛権の行使条件」緩和に向けた討議開始(五月―)
- 陸自・情報保全隊による広範な市民監視活動の発覚(六月)
- 航空自衛隊のイラク戦争派遣継続のための「特措法」延長(六月)

乱反射するヘルメットのきらめきを目にしつつ、したがって本書は、自衛隊の「冷戦後年代誌」であるとともに、ある時代を締めくくるだけでなく、「終わりのはじまり」へと、課題を前に投げかける意図も併せもつ。とくに、「柳井懇談会」がめざす、「海外で戦争できる自衛隊」路線と、自衛隊情報活動にあらわれた市民監視の視線は、「外へ」「内に」という意味で表裏の関係にあり、これからの時代を規定する低奏主題といえる。それをフル・オーケストラで奏でようとするのが「改憲潮流」にほかならない。安倍首相は、その指揮者を任じ、改憲の騎手たらんとしているが、正体は木馬、アメリカを腹中に収めた「トロイの木馬」である。

思いかえしてみると、自衛隊を取材しはじめて四〇年以上にもなる。一九六〇年代の佐世保、そこが起点だった。地方隊配属の護衛艦は艦橋がカンバス張りで、たまに寄港する潜水艦も七九〇トンしかなかった。「これでいいんです。任務は海峡と港湾防備なのだから」、艦長はそういった。第Ⅲ章を書くため、当時のメモを繰りながら、「隔世の感」という言葉しか思いうかばない。しかし、本文でもふれたとおり、「イージス艦」や、もはや「空母」というしかない大艦に体現された自衛隊のすがたは現実であり、向かうところは世界の大海原である。「柳井懇談会」が「公海で米軍艦艇への攻撃に対して自衛隊が応戦するのは合憲である」と答申すれば、海上自衛隊はどこででも武力行使ができることになる。イエスだと、ほぼ予測できる。そんな時代がくるなどとは、当時思ってもいなかった。

歴代政府の合憲解釈を理論づけてきた内閣法制局も「それだけはできない」といってきた。「柳井懇談会」の答申が閣議決定された場合、どう対応するだろうか。この秋にも答えがでる。法制局のふんばりを期待する意味もこめて、次の言葉を銘記しておこう。一九四七年から五四年まで法制局長官をつとめた佐藤達夫氏の述懐である。

「法制局とちがった解釈が閣議できめられることも観念上はあり得るでしょう。(中略)そのときは、仕方がないから法制局職員は、辞表をたたきつける、(中略)法制局の専門家の公正な判断というものが、内閣から一顧もされないということになったら、法制局制度としてはすでに墓場への道に追いやられたことになるでしょう。そして、それは、大げさにいえば、法治主義の墓場への道にもつながるわけですよ。」(『内閣法制局史』一九七四年)

法制局のみならず、国民ひとりひとりに問われていることだと思う。

執筆にあたり、岩波新書編集部の田中宏幸さんにお世話になった。書きたいことがあまりに多いのとあふれる思いとで、大幅に分量超過した原稿、また最後まで直近のできごとを加えるべくしつこく補正して赤字だらけになった校正刷を、丹念にときほぐし整理してくださった。本当にお世話になりました。

二〇〇七年六月

前田哲男

前田哲男

1938年福岡県生まれ
長崎放送記者を経て，71年よりフリーの文筆活動を始める．95年から2005年まで東京国際大学国際関係学部教授を務め
現在―軍事ジャーナリスト，沖縄大学客員教授
専門―軍事・安全保障論
著書―『新訂版　戦略爆撃の思想――ゲルニカ・重慶・広島』(凱風社)
『岩波小辞典　現代の戦争』(編集，岩波書店)
『自衛隊をどうするか』(編著，岩波新書)
『暮らしの中の日米新ガイドライン――「周辺事態」を発動させないために』(編著，岩波ブックレット)
『在日米軍基地の収支決算』(ちくま新書)
ほか

自衛隊 変容のゆくえ　　岩波新書(新赤版)1082

2007年7月20日　第1刷発行

著　者　前田哲男《まえだてつお》

発行者　山口昭男

発行所　株式会社 岩波書店
〒101-8002 東京都千代田区一ツ橋 2-5-5
案内 03-5210-4000　販売部 03-5210-4111
http://www.iwanami.co.jp/

新書編集部 03-5210-4054
http://www.iwanamishinsho.com/

印刷・三陽社　カバー・半七印刷　製本・桂川製本

ISBN 978-4-00-431082-2　　Printed in Japan

岩波新書新赤版一〇〇〇点に際して

ひとつの時代が終わったと言われて久しい。だが、その先にいかなる時代を展望するのか、私たちはその輪郭すら描きえていない。二〇世紀から持ち越した課題の多くは、未だ解決の緒を見つけることのできないままであり、二一世紀が新たに招きよせた問題も少なくない。グローバル資本主義の浸透、憎悪の連鎖、暴力の応酬——世界は混沌として深い不安の只中にある。

現代社会においては変化が常態となり、速さと新しさに絶対的な価値が与えられた。消費社会の深化と情報技術の革命は、種々の境界を無くし、人々の生活やコミュニケーションの様式を根底から変容させてきた。ライフスタイルは多様化し、一面では個人の生き方をそれぞれが選びとる時代が始まっている。同時に、新たな格差が生まれ、様々な次元での亀裂や分断が深まっている。社会や歴史に対する意識が揺らぎ、普遍的な理念に対する根本的な懐疑や、現実を変えることへの無力感がひそかに根を張りつつある。そして生きることに誰もが困難を覚える時代が到来している。

しかし、日常生活のそれぞれの場で、自由と民主主義を獲得し実践することを通じて、私たち自身がそうした閉塞を乗り超え、希望の時代の幕開けを告げてゆくことは不可能ではあるまい。そのために、いま求められていること——それは、個と個の間で開かれた対話を積み重ねながら、人間らしく生きることの条件について一人ひとりが粘り強く思考することではないか。その営みの糧となるものが、教養に外ならないと私たちは考える。歴史とは何か、よく生きるとはいかなることか、世界そして人間はどこへ向かうべきなのか——こうした根源的な問いとの格闘が、文化と知の厚みを作り出し、個人と社会を支える基盤としての教養となった。まさにそのような教養への道案内こそ、岩波新書が創刊以来、追求してきたことである。

岩波新書は、日中戦争下の一九三八年一一月に赤版として創刊された。創刊の辞は、道義の精神に則らない日本の行動を憂慮し、批判的精神と良心的行動の欠如を戒めつつ、現代人の現代的教養を刊行の目的とする、と謳っている。以後、青版、黄版、新赤版と装いを改めながら、合計二五〇〇点余りを世に問うてきた。そして、いままた新赤版が一〇〇〇点を迎えたのを機に、人間の理性と良心への信頼を再確認し、それに裏打ちされた文化を培っていく決意を込めて、新しい装丁のもとに再出発したいと思う。一冊一冊から吹き出す新風が一人でも多くの読者の許に届くこと、そして希望ある時代への想像力を豊かにかき立てることを切に願う。

（二〇〇六年四月）